改变自己，缔造一切可能

王 斌／著

南京出版传媒集团
南京出版社

图书在版编目（CIP）数据

改变自己，缔造一切可能 / 王斌著. -- 南京 : 南京出版社，2017.6
ISBN 978-7-5533-1782-3

Ⅰ. ①改… Ⅱ. ①王… Ⅲ. ①成功心理—通俗读物 Ⅳ. ①B848.4-49

中国版本图书馆CIP数据核字（2017）第101518号

书　　名：改变自己，缔造一切可能
作　　者：王　斌
出版发行：南京出版传媒集团
　　　　　南 京 出 版 社
社　　址：南京市太平门街53号　　邮编：210016
网　　址：http://www.njcbs.cn　　淘宝网店：http://njpress.taobao.com
天猫网店：http://njcbcmjtts.tmall.com　　电子信箱：njcbs1988@163.com
联系电话：025-83283893、83283864（营销）　025-83112257（编务）

出 版 人：朱同芳
出 品 人：卢海鸣
责任编辑：严行健
装帧设计：金　刚
责任印制：杨福彬

印　　刷：三河市兴国印务有限公司
开　　本：710毫米×1000毫米　1/16
印　　张：14.5
字　　数：180千字
版　　次：2017年6月第1版
印　　次：2017年6月第1次印刷
书　　号：ISBN 978-7-5533-1782-3
定　　价：39.80元

营销分类：畅销 励志

目　录
contents

第三章

面对领导不抱怨，忠诚敬业是关键

第四章

面对同事不抱怨，团队精神是关键

第六章

面对逆境不抱怨，积极奋进是关键

第七章

接受批评不抱怨，减少失误是关键

第八章

效率低下不抱怨，找对方法是关键

第九章

诸事不顺不抱怨，摆正心态是关键

第一章

不抱怨，从改变心态开始

一个人无论做什么事情，从事哪一种行业，心态都是最重要的。如果心态调整不好，则很难认认真真地对待自己的工作，应付、糊弄、不负责便也成了必然。如果这种必然演变成了一种习惯，那么你的事业将很难再有进一步的发展了。

◆ 抱怨来自于错误的心态

俗话说，心态决定命运，有什么样的心态，就会成为什么样的人。这绝对是一条颠扑不破的真理。同样的工作，为什么有些人得到了重用欣赏，芝麻开花节节高；而有些人却终日郁郁寡欢，始终在原地踏步，停滞不前？这其中，心态起着决定性的作用。

许多企业员工，特别是那些只认为自己是打工仔的员工，老是自觉或不自觉地把自己归类或定位为打工一族，以打工者自居。因此，不管做任何事情，总认为自己只不过是一个打工的，认为自己是为领导打工的，是为领导出卖劳动力的，是为领导作嫁衣的，是被领导“压榨克扣”的人；而不是为自己工作的，不是为自己创造和提高价值的，不是为自己而积累资历和财富的人。

在这样的心态和观念指引下，许多人得过且过，对工作不主动负责，不愿意多付出，老是担心自己付出了而得不到应有的回报，总觉得吃亏的是自己，总有一种受害感。在当今市场经济和全球经济一体化的格局下，这样的心态是消极的和不利的，最终耽误的和受害最深的仍是打工者自己。这种心态不但束缚了自己的手脚，还葬送了自己原本应有的大好前程。结果，自己一辈子就永远只是打工的。

实际上，在市场经济体制下，任何打工的人都可能通过自己的努力奋斗来改变自己的命运。看看今天处在领导位置上的人，绝大多数不都是从打工者做起的吗？许多著名的打工皇帝和各种企业的主要负责人起初不都是打工的吗？比如唐骏、刘永好、张瑞敏等等。

所以说，要改变自己打工的命运，首先就要改变自己的心态，要相信自己一定可以有所作为，有所成就。唯有如此，你才能突破自己。

“给我多少钱我就做多少事。”是许多企业员工长期以来形成的心态。

从某种意义上看，这样的打工心态葬送了很多人的前程，长久的打工心态限制和固化了人的思维，弱化了人的责任意识，抹杀了人的立异思想，没有本钱概念，缺乏长远的规划。最为可怕的是，打工时间越久，看问题的视角就越悲观，自己也就更自卑。一群领导聚在一起时交流的话题往往是贸易环境，以及如何更好地发展生意和他们创业的经验等等，向对方展示的往往是自己光彩照人的一面。而一群打工者聚在一起的话，牢骚往往占了多数，骂领导刻薄，抱怨工作量大且与收入不相符等等，很少打工的人对自己目前的状况是比较满足的。他们向对方展示的也往往是自己没有得到重用或没有得到施展的一面。

打工心态的三种突出表现：

1. 没有积极的主动进取精神。具体表现为：领导安排什么干什么，决不多做一点。做起工作来，磨磨蹭蹭，一再的磨洋工，甚至敷衍了事，缺乏进取的精神与激情。

2. 缺乏责任意识，遇事推卸责任，一味诉苦，有受委屈和受害感。

3. 缺乏自我挑战和超越自我的意识，不敢突破自我，不敢挑战极限与大胆勇敢立异。

为何打工者要选择用语言而不用实干来使自己心理平衡呢？与其絮絮不休地诉苦，不如干脆利索地起而步履，用看得见、摸得着的实际业绩来证实自己的实力。这才是真正的利人利己，是使自己摆脱贫困的最佳选择。之所以那样说而不做，这与打工者抱着什么样的心态在打工密不可分。永远用打工者的心态和做法来打工的人，他永远只会是一个打工者；而真正能够用领导的心态去打工和工作的人，才会不断提高，即使今天机会不成熟，自己还不能成为领导，但总有一天会成为一个成功的人。机会永远垂青于有预备的人，只有在心态上做好了当领导的预备，才能在将来当机会静静来临的时候被你十拿九稳地把握住，幸运才会降临在你身上——这道理也是不言自明的。

真正意义上的领导往往知道自己最终想得到什么，具备长远的眼光和长久的战略意识，而不单单考虑保住自己现有的饭碗。有人曾经问李嘉诚："你跟街头的乞丐有什么不同？"李嘉诚回答说："街头的乞丐只想着他的下一顿饭在哪里，而我主要想的是我这一生的最后一顿饭在哪里。"由此可见，领导的眼光是多么的长远。

在解决问题的立场上，领导对完成一件事情的定义通常情况下都是要彻底解决，今天能搞定的事情绝对不会让你拖到明天，而打工者却会习惯性地把事情分解成数天来完成。领导具有系统而全面的全局或整体思维视角，不会拘泥于一个局部或受限于当前的现实中。领导们的成长是由一个个的失败和失利换来的，在失败和失利面前，领导们更加勇于承担责任，并且能够从中总结失败的原因，吸取经验与教训。可以说，领导是最经得起失败考验的人。一位成功领导曾说："你想成功吗？那你就要和我一样把失败的速度和次数提高一倍。"

领导从不推卸责任，更不会回避问题或者想方设法推给别人，但很多打工者却恰恰相反，他们总是找出种种借口，试图让自己远离责任。

还有许多打工者脑海里都存在着一些个人英雄主义思想，总想单枪匹马的在领导眼前干出一些成绩来，让领导刮目相看，甚至不惜冒一定的风险。很少有打工者能从降低公司的本钱及风险或者提高效率的角度出发，去主动联合其他同事，共同完成某项任务。这要么是个人英雄主义思维在作怪，要么是个人极度懦弱的失常表现，又或两者兼而有之，其结果就是盲目的单干蛮干，没有协同配合，导致劳而无功。

在办事情的思维上，领导往往集思广益，使自己的思维多样化，很少有打工者运用跳跃的和超越性的思维方式去考虑问题；在节约本钱上，领导每一分钱的开支都要考虑本钱，精打细算是许多领导习惯性的思维和行为，而不少打工者却恰恰相反。他们缺乏本钱意识和利润意识，不计算投入与产出的比例，往往造成投入过多而收成甚少。这种低效率的投资，自然无法在市场竞争中占据上风——这也是多数打工者无法成为领导的原因。

因此，如果你在给一家公司打工，并且想要改变自身打工的现状，那么即使你此刻不能发挥自己的才华，也要抱着领导的心态去打工或者工作。没有人天生就是当领导的料，也并非注定你永远只是一名打工者。珍惜今天的工作，认真对待每天的生活，迟早会成为领导的，只要你肯努力，只要你愿意。

◆ 像领导一样去思考

与打工心态相对应的，是领导心态。

做人，要有积极的心态；做事，就一定要有领导的心态。首先，把自己看成领导，而后你就会自觉地调整和改变自己，全心全意地朝着当领导的目标而努力奋斗，在自我期待心理的作用下，你就会一步步地梦想成真。如果仔细想想，你就会发现，实际上我们每个人都是自己的“皮格玛利翁”，我们强烈并投入地把自己当成什么人，我们就会成为什么人。

很多年前，一位住在纽约廉价出租公寓的年青姑娘，她的名字叫安妮，在第五大街一家时髦的女服裁缝店里打杂。

安妮热衷于她的工作。出身贫寒的她溘然之间神奇地走进了一个美得令人目眩的新世界。能目睹女士们坐着豪华轿车前来，亲眼看着那些社交皇后们在店里镶着金边的大镜子前试衣，这一切是多么的令人激动。

不久，那穿戴浆硬的粗平民裳的打杂女工内心中就燃起了欲望。她开始想象着自己从最低等的雇员变成了领导。每当她从镜子前面经由时，都对着镜子里只有她才能看得见的那个更成熟、更漂亮、更有魅力和地位的自己微笑。

当然，没有人感觉到这个想象中人物的秘密存在。内心装着贵重秘密的安妮对着镜子里那色泽照人的形象自信地微笑着，并且玩起了令人兴奋的游戏，“我假装已经是位高贵的夫人了。我会彬彬有礼，穿戴得体，举止高雅，天天学新东西。我会努力的工作，积极投入，就像这店已经真正属于了我。”

不久一些时髦的女士便对女领导私语：“安妮是你雇过的最有头脑的姑娘！”女领导自己也开始微笑着说：“安妮，假如你十分小心的话，就由你来叠范德吉尔特夫人的礼服。”或“我打算让你去送这件结婚礼服。”或“亲爱的，你开始对颜色和线条真正有眼光了。”到最后变成了“我晋升你去工作间。”

时光流逝，安妮日益变得像她独自一人在镜中看到的自己一样。这个昔日的打杂女工渐渐有了响亮的名字“安妮特”，继而成了服装设计师“安妮特”，最后终于成为“著名的设计师安妮特女士。”

无数相似的事实证实，我们多年来在头脑中存留的那些形象决非幻影，而是用来塑造我们自身命运的模式。假如你想从打工者变成领导，那么，请你立刻从心态上把自己的自我形象切换成领导的形象。时时刻刻把自己当成领导来看待，像真正的领导那样思索和步履，然后就会习惯成天然，梦想变成现实！就像故事的主人公安妮一样拥有富有戏剧性的结局，令人振奋不已。

那么，领导的心态是什么样的呢？一位著名企业老总在评价什么是最优秀的员工时精辟地说："在工作时，把领导的企业当作自己的企业；在花钱时，把领导的钱看作自己的钱。"这就是领导心态的最好诠释。

一、把自己当作公司的主人

有人总结出这样一个值得推敲的做事哲理：花自己的钱办自己的事——不仅会留意节约而且讲究效率，是所谓的低本钱高效率；花自己的钱办别人的事——非常留意节约却最没有效率，是低本钱低效率；花别人的钱办自己的事——不留意节约可是很有效率，是高本钱高效率；花别人的钱办别人的事——不留意节约也没有效率，是高本钱低效率。

太多的人通常老是不思考地把领导的钱财和领导的事情当成别人的钱财和别人的事情来看待和处理，其终极结果是：领导也拿我们作为外人，而不是当作自己人，许多事情也就见外了。

假如我们换位思索，转变观念，采取不同的新步履，把领导的钱财当作自己的钱财——所有事情都留意节约，降低本钱；把领导的事情作为自己的事情——所有事情都讲究效率，提高效益，其终极结果将会是：领导把我们当作自己人，心往一处想，劲往一处使，亲如一家人。一旦我们主动坚持这样做了，而领导却视若无睹和无动于衷，那么再想办法跳槽走人也为时不晚。

二、有领导心态才会在企业里取得成功

让我们先来看一个小例子：

很久以前在美国尺度石油公司里，有一位底层小人员名叫阿基勃特。他在外出住旅店时，老是自觉地在自己签名处的下方，端端正正的写上“每桶 4 美元的尺度石油”字样，在书信与收据上也这样，签了名，就一定要写上那几个字。由此他被同事奉送一个绰号，叫“每桶四美元”先生，而他的真实姓名反而被人们忽略和淡忘了。

公司董事长洛克菲勒得知这件事后说：“竟有人员如斯尽心竭力为公司着想，时时处处不忘对外宣传公司的声誉，我要见见他。”于是约阿基勃特共进晚餐。

多年之后，当洛克菲勒从岗位上退下来时，却是阿基勃特接了他的班，当上了第二任董事长。这本是一件任何人都能做到的事情，然而就只有阿基勃特一人躬身去做了，并且持之以恒、永不懈怠。众多讥笑他的人中，无疑有很多人的学识、才干、本事远胜于他，但结果是，唯有他名正言顺地获得了董事长的职位。

可以确切地说，具备领导心态的人最终不见得都能当上领导。但是，不具备领导心态的人，他永远都当不了领导。

三、要懂得珍惜财富

观念不同，对于同一件事情的决定也不同。决定不一样，必然使人们采取不同的步履。步履不一样就会产生不同的结局。这种节省和珍惜个人及社会财富的心态就是领导心态，这也恰是一些人能成为成功的领导，而有些人则成不了领导或者成为一个失败的领导的根本原因。

香港大富豪李嘉诚一次在坐车前往办公室的路上，突然看见 1 元金属

硬币闪过眼前，滚到车子下面。李嘉诚马上下车，欲去拣那枚硬币。在当他哈腰要拣的时候，一个门卫提前把那枚港币拣了起来，并走上前交给了李嘉诚。李嘉诚伸手接过硬币，然后从口袋里取出100元钞票奖励给了这个门卫。知道这件事的人都感到很迷惑，别人只不过是帮他拣了1元钱，而他竟给了别人100元，究竟为什么？李嘉诚解释道，“这1元港币，如果不把它捡起来，它有可能掉到水沟里面，永远不会归来，这个社会财富就会因此流失掉，我们不能让人们已经创造出来的财富和价值白白流失掉。那个门卫不仅懂得珍惜财富，还主动帮助别人，理应嘉奖鼓励。”

由此可见，具有领导心态可谓是你早日成功的良药。

四、像领导一样卖力

如果我们都将公司视为自己的一部分，像领导一样努力、节俭、处处为公司着想，那么总有一天你也会获得同样的成就。

被誉为“经营之神”的台湾首富王永庆，88岁高龄，资产总额1.5万亿新台币。他最突出也最值得称颂的个人美德就是节俭，他节俭的程度对那些花钱如流水的人来说简直是不可思议。王永庆喝豆浆的故事早已广为流传，尽人皆知。一般人喝豆浆：“领导，一碗豆浆，打个蛋。”王永庆：“领导，一碗豆浆”，然后先喝一口，再说：“领导，打个蛋”——他赚了一口！他曾经对工人们说：“你们所戴的工作手套，如果一个掌心被磨破了，不妨翻过来，然后换戴在另一只手上再用，这样就可以节省能源。”王家所用的肥皂在剩一小片时，从不会把它白白丢掉，而是把小肥皂黏附在大块的新肥皂上再使用，王永庆平常做毛巾皂所用的毛巾，一直用了37年，到今天还在用着……

当然，他的节俭程度已经到了令人“恐怖”的地步，但也确实令人钦佩，这种精神是值得我们学习的。

五、做什么都要做到最好

在日本有一个非常著名的女子——野田圣子，现在她正担任着日本邮政大臣一职，是一颗正在冉冉升起的政治新星。关于她，在日本国民中流传着这样一个动人的故事：

很久以前，一个妙龄女郎到东京帝国酒店当服务员。因这是她初涉职场的第一份工作，所以她非常激动，暗下决心：无论如何都要好好干！然而让她意料不到的是，领班指派她先从冲刷厕所做起。这件事情我敢保证没有人愿意干，况且这个女孩生性喜好清洁，从没干过脏活。因此每次洗马桶对她来说都是无法忍受的事情。而领班的要求近乎苛刻：务必把马桶擦洗得光洁如新！她明白自己不能胜任这一工作，“光洁如新”的要求确实难以达到，至少在她看来那是不可能的。于是她开始打退堂鼓，意欲换一份新工作。

当是之时，酒店里一位颇有阅历的前辈刚好出现在她面前帮她解脱了困惑，更枢纽的是，帮她认清了未来人生道路的走法。这位前辈没有讲什么泛泛的大道理，就切身做了个样子给她看。他一开始便一次又一次地冲刷着马桶，直到抹得光洁如新，闪亮照人；而后，他从马桶里盛了满满一杯水，仰头一饮而尽，没有丝毫的犹豫。他没有说一句话就让女郎领悟到一个最为简明朴素的道理，唯有当马桶中的水可以达到放心“喝”的清洁程度，才能说是“光洁如新”，而这一点已经被活生生的事实证明是完全能做得到的！之后，他还送给她一个蕴藉而富有深意的微笑，用鼓励的眼神看着她，这已经足够了。她早已被前辈的行为激动得无以言表，感谢不已，从身体到灵魂都在震颤。因此，女孩子痛下决心：“哪怕穷尽一生冲刷厕所，也要成为一名冲刷厕所最精彩的人！”

从此，她彻底变成了一个令人振奋、焕然一新的人，为了严格验证自己的决心信念和工作质量，她也曾多次开怀“畅饮”过马桶里的水。光阴流逝，那个女孩一步一个脚印，一步一个台阶，就像她所但愿的那样，获得成功，她就是野田圣子。

无论是在工作中，还是在生活中，我们做事情都要像野田圣子一样：要做就做到最好，要做就竭尽所能做到完美。

◆ 不抱怨，积极去做

在我们的头脑中，有两种截然不同的思维。一种是积极的，一种是消极的。这两种思维在你的头脑里相互作战，不断争夺着对你头脑的控制权。

消极的思维让你不断否定各种可能性，最终让你陷入走投无路的境地。

而积极则会制造可能性，就是一定要达到目标和实现梦想。

著名的商界领袖哈默曾提及，成功的首要原则是什么呢？那就是用积极的心态去做生意：当别人都在争着做什么的时候，你要考虑下自己能不能不做；当别人都害怕做什么的时候，你再想想自己能不能大胆勇敢地去做。

正是如此，当美国的全部商人都把去苏联做生意视为畏途时，单单哈默博士一个人独自前往苏联。经过仔细考察，他发现苏联举国上下粮食十分紧缺，人民生活的三餐不足。于是他就想方设法克服了预料不到的重重难题，用美国廉价的粮食从苏联换回了一大卡车珍贵的金银珠宝。这其中还有沙皇曾经戴过的金皇冠。运回没过几天就被美国的大批有钱人争先抢购，很快销售一空，从而盘满钵满地大赚特赚了一把。

哈默被各个国家元首接见的次数最多，这完全归功于他不同凡响的成功理念：逆向思维，不随波逐浪；要做就彻底地做好，放手一搏，全然不受外界舆论的干扰；走自己的路，让别人说去。当有人问及成功的秘诀时，他指着办公室墙上林肯的名言："如果在乎攻击我的言论，我必然一无所成。但我只要坚定不移地朝着目标奋斗下去，攻击我的所有闲言碎语终将一文不值，不攻自破。"这就是他能成为全世界寥寥无几的大富豪的根本缘由。

成功者永远都会积极坚定地朝着自己的目标奋勇直前，不达目的决不罢休，志在必得！在追求和实现目标的过程中面对屡战屡败，要屡败屡战，专心克服困难，不理会噪音与干扰，直至反败为胜，高奏凯歌。

很久之前，一群田鸡举办了一场攀登比赛，终点是一个看似高不可攀的铁塔的塔顶。一大群田鸡围着铁塔观看比赛，很快比赛就正式开始了。

坦诚地讲，没有谁相信这些小小的田鸡能攀登到如此高的塔顶，附近的田鸡都在纷纷议论："这对它们来说是太难了，简直难于上青天！它们肯定到不了塔顶！"

"它们不可能会成功的，塔太高了，从来没有哪只田鸡到过塔顶上面！"

听到这些议论，除了几只情绪高涨的田鸡还在一跳一跳地往上攀登，大部门都开始泄气了。

群鸡继续喊着："这太难了！你们不可能到达塔顶的！"

越来越多的田鸡累得不行了，接二连三地退出了比赛。然而，有一只却越攀越高，一点没有抛却的迹象。

最终，当其他所有的田鸡都退出了比赛时，只有一只，它费了很大的劲，终于成为唯一到达塔顶的胜利者。

毋庸置疑，其他所有的田鸡都想知道它是怎么成功的。

其中一只田鸡跑上前去问那个胜利者，它怎么会有这么大的力气？

不料，它们发现这只田鸡居然是个聋子！

有很多人总是在说，他们现在的境况是别人造成的，环境决定了他们的人生地位。可事实是，我们的境况不是由周围环境造成的，而是我们错误的心态造成的。归根到底，如何看待自己的人生，由每个人自己决定。

积极主动是人类的本能，若不是这样，那就是一个人在有意无意间已经选择了消极的被动。消极被动的人很容易被固有的环境所影响。在天高气爽、风轻云淡的晴朗时节里，他们欢天喜地、兴致勃勃；在阴霾晦暗、风霜雨雪的日子，就黯然伤心、无精打采。

积极主动的人，他们心中自有一片天地，自己营建内心多姿多彩的明亮世界，外面天色的变化不会产生太大的作用，自身做人的原则、准则和价值观才是枢纽。他们认为工作品质至上，即使天色再坏，依然不改敬业精神。不管风吹浪打，他们始终气定神闲，不迟不疾，举重若轻。

其实，在人与环境的关系上，总的来说，是人选择和改造环境，而不是环境决定人。人不是被动地受制于环境，因为人是能动的因素，人可以发挥自己的主观能动性。对于每一个人来说，自己才是决定自身处境的唯一的因素。

积极主动的人永远紧紧掌握人生的主动权和选择权，无论是面临天然环境或者是社会环境，他们都坚信自己才是一切的主导与核心。

反观那些消极被动的人，则处处受制于社会上“天色”的阴晴圆缺。一受到命运的礼遇，就痛快积极，高兴的不能自制；反之，则悲哀沮丧，逃避退缩。将自己心情的好坏完全建立在他人的行为上，别人不成熟的人格反而成为控制他们的利器。他们一直认为自己要受到环境和他人的主宰，认为自己没有一点掌控权，如果别人不对他加以指点引导，不改变环境，自己就只有消极无奈地荒废时光。一遇到难题，那些消极被动的人总是会指望别人为自己拿主意，做决定。周围环境不好时，他们做的就只是唉声叹气，自怨自艾。他们总是在空等着幸运之星的回应或远在天外的贵人相助。对待任何事情，他们都以为是事情找上他们，徒增他们的烦恼，自己无法主导或推动事情的进展状况，总是陷入束手无策、进退维谷的境地。

但是积极主动的人会坚信，无论在何种境况下，自己肯定都拥有选择的权利。因此，他们对自己始终有一份责任感，始终有一份浓浓的期盼。毕竟，命运是操作在自己手里的，而自己并不是环境或他人的附庸或傀儡。对待任何事情，他们都坚信，自己一定能主导事情的发生、发展，使之朝着有利的方向转化。积极心态不只是限于采取主动，还表示人一定要为自己负责。一个人的行为由自身决定，而不是取决于外在的环境。

著名治理学家彼得·德鲁克曾说过："将来的历史学家会得出这样的结论，20世纪最重要的事情不是技术或网络的革新，而是人类生存状况的翻天覆地的重大改变。在21世纪里，人类必然拥有更多的选择，他们需要积极地治理自己、创造自己。"因此，当今很多出众的企业对人才的期望和要求是：积极主动、满怀激情、灵活自信。

比尔·盖茨曾说：一旦以积极心态施展你的思维，挖掘你的潜能，并且相信成功是你自己的权利的话，你的决心信念就会使你完成你所制定的所有明确目标。然而假如你接受了消极心态，并且满脑子想的都是恐惧和困难的话，那么你所得到的也只是恐惧和失败而已。

对一个决心战胜生存危机的人来讲，不管他是如何窘迫困顿，不名一文，但是只要他强烈期盼着拥有一种攻克难关的蓬勃向上的激情和气力，不断期盼着充实和提高自己，那他终究是会得到机遇的垂青并有出头之日的。而对于那些鼠目寸光、斗志消沉、自甘平庸的泛泛之辈，我们无以拯救。假如他自己没有克服危机的欲望，那么即使他人再多么用劲推动和鼓舞都是在做无用功。相反，对于一个渴望克服危机，一定要消除自身危机的人来说，没有什么可以阻拦他奋力向前的欲望。不管他所面临的情形是怎样的不尽人意，也不管他碰到多少不利的干扰和束缚，他都能坚定不移地打造自己的强项，终将可以找到某些方法冲破障碍。谁都无法阻挡住一个林肯式或者威尔逊式的强者不屈不挠地奋起，对于这些“一切操之在我”的人来说，即使是囊中羞涩到一本书籍也买不起的惨境，他们仍旧能够通过借阅的途径而学到求之若渴的宝贵知识，从而把困境转变为顺境。

可能你认为自己的生活很寻常，认为你建功立业的机会和概率小之又小。然而，最关键的不是你目前的职位如何低微或者你正在从事的工作是如何的不足为傲，但是假如你心怀成功的期盼；假如你勇于迈出狭小的圈子；假如你梦想着有那么一天会成为众人倾慕的非常人物，假如你期待着摘取成功的灿烂桂冠并甘愿为此付出一切行之有效的努力的话，那么你终将如愿以偿。就如种子经过足够的酝酿最后冲破土壤而发芽一般，你必然也会经由坚持不懈的努力而取得日新月异的成就，创造一个极具上风的人生。

你所能想象得到，又坚信无疑的，你就能实现它——这就是积极心态的全部内涵和秘密。

不论你以前是什么人，或现在在做什么，只要你始终积极的朝着心中的梦想努力奋斗，那么胜利一定会属于你！

◆ 调整注意力，获得新视角

一个人的注意力是有局限性的，往往只能同时注意到一个方面。

当我们把注意力集中在我们以为是好的或者准确的观点、立场和信念上时，我们自然而然地就排斥了那些相反的或者不同的观点、立场和信念。这种现象是不可避免的，正如我们看到了硬币的正面，就看不到它的反面；看到了阳光，就看不到黑暗。

如果你在因特网的搜索引擎上敲进“成功”这个词，会立刻看见全部跟成功相关的主题、网站和网页统统被搜索出来，就能看到所有跟成功有联系的信息或内容。而如果我们敲入“失败”这个词，电脑就即刻查找到所有的跟失败相关的栏目，如网页、网站、网址。事实上，这就是集中或排斥现象最突出的表现。

人的大脑和电脑一样，也能够搜索出哪些是积极的，哪些是消极的。我们的发问方式跟敲键盘一样，问了很好的问题，自然就会得到很好的谜底；问很坏的问题，当然就会得到很坏的答案。

因此，重点在于我们把注意力放在什么地方，留意到了很好的地方，就能够得到很好的结果，一旦注意力放在不好的地方，我们就只能得到一个不好的结果。

一个人有次很晚才回家，他的洗脸毛巾没有挂好，可能人们会认为是他过于忙碌，没时间挂好，也可能以为是他很大意，没有注重细节，这就是关于关注点的问题。世界上从来不存在完美的企业，也没有完美的个人。枢纽是我们把注意力集中在什么地方，是去关注长处、擅长之处，还是关注弱点、不足之处。

调整注意力就如同调控摄像机的镜头一样，我们完全可以选取应该选取的景色。把注意力放在事物的不同方面，往往会产生截然迥异的看法和结果，从而使人产生不同的立场和情绪。关注问题有利的方面，就能获得积极乐观的立场和情绪。相反如果关注问题的不利方面，就容易产生悲观的立场和情绪。可惜为数众多的人不加思考的就选择消极悲观，因此我们很有必要懂得如何调整自己的注意力以掌控好自己的立场和情绪。

有位哲人曾说："所思即所得，所见即所得。"这句话的道理简明扼要而又意味深长。我们常常思索和想象什么，我们就会得到什么。同样地，我们留意什么和看见什么，我们也会得到什么。也就是说，想象和留意即是事实。因此，假如我们想要得到成功，想要快乐、幸福以及拥有财富、健康等等人生正面的事物，我们就要经常思索、想象和关注这些。只有对它们投入关切和心力，我们才会认识它们，才能了解它们的"性格、脾气"，然后才能跟它们友好相处，情同手足。这和谈恋爱、交朋友一样，只有我们关心、想念、照顾恋人和朋友，我们才更了解与认识他们，才更懂得如何与他们保持亲密的关系。同时，他们才会更乐于与我们相处相知乃至心心相印、息息相通。这样，我们就赢得了爱情或和友谊，也就会心想事成，美梦成真。追求成功、快乐、幸福、财富、健康等也同样如此。

在工作上，如果我们想要胜任工作，想要得到领导和同事的认同与欣赏，想要得到提职或加薪的机会，那么，我们就要把心思和注意力放在如何胜任工作上，怎么才能得到认同与欣赏上，如何才能得到提职与加薪上，其他与这些无关的或相反的就不要去理睬。

只要我们一心集中所有的注意力放在我们所期盼的正面事物上，那么一切很快都会得到改观。你会发现领导和同事对你的立场或看法会变得更加亲切温顺，更加痛快赞赏。于是，提职和加薪也会随之而来！

为了让自己更好地把注意力放到正面的事情上，你不妨采用积极的自我暗示方法刺激和引导自己。这种方法的效果是非常明显和灵验的。自我暗示通常有语言暗示和图像暗示两种。

所谓语言暗示即自己写给自己的关于自我激励和自我认同的，鼓舞志气的书面语言。例如，你可以在天天上班之前，用10到15分钟时间给自己写5到10条自我暗示的肯定性的激励语句。如果你想要更好地胜任自己的工作，你可以这样写：我是一个非常能胜任此项工作的人，我工作的效率超乎常人，我感到很满足！领导和同事也对我的功课业绩非常认可，我对此感到无比自豪，很有成就感。等等类似的语句，要尽可能多写一些，每天都写，不断地强化，不断地输入潜意识，并在心里默念，要让这些积极的语言引导自己时刻把精力和注意力放在你期待发生的正面事情上。

这就是语言的暗示方法，只要积极主动、满怀热情和坚持不懈地执行，用不了多久成效就显现出来，你会取得出乎意料的令自己满足的良好效果。你会惊奇地发现自己变得越来越好，事情办得越来越顺，仿佛冥冥中有一种神奇的力量暗中支持和相助一般。

另一种自我暗示的方法是图像暗示。这种暗示的方法更加神奇有效！比如，你想拥有豪宅名车等等，你就要收集那些你想要拥有的豪宅和名车的图像或图片，贴在你常常看得见的地方如卧室、厨房、洗手间等。这种做法，有人叫制作梦想板，有人叫制作藏宝图。无论什么叫法，实质都一样，就是要用形象生动、光鲜传神、栩栩如生的图像来刺激你的感官和潜意识，强烈立体地把你想得到的正面事物传输到你的潜意识和灵魂深处，从而使你的注意力和精力始终关注并情不自禁地想方设法通过自身的努力，去追求这些正面事物上面。图像暗示法在成功学领域已被大量运用并且获得十分明显的成效。

总之，欲想获得什么就要把注意力放到什么事物上。想要成功、财富、快乐、幸福、健康等正面事物，那就不遗余力地把注意力集中在这些事物上，这就是成功和心想事成的最大秘密！无论何时何地何事，都要把注意力放在积极正面的那一面，如此，你的生活、你的工作、你的人生终将灿烂辉煌，硕果累累，达到自我实现的境地！

◆ 问题背后隐藏着机会

任何事都有两面性，有问题就有机会；有绝望就有但愿；有黑暗就有光明……

悲观的人总是会看到机会背后的问题。他们看到问题就唉声叹气、畏畏缩缩、精神委顿、自我束缚、坐失良机、一败涂地。

乐观的人看到问题背后的机会。他们看到机会便振作精神、鼓舞士气、分秒必争、立刻步履、捉住先机、敢于胜利。

在生活中，我们会经常面临繁杂多样的问题，要击败困难，首先我们要树立这样一种意识，就是问题背后一直存在着机会。危机是什么？有人说危机就是转机，是因为他们看到了危机之后的良好机会；有人认为危机是祸害，是因为他们只把注意力局限在了机会前面的危险。可见，危机本身不代表什么，它本身是中性的，是中庸之道，没有倾向性。只有人自身的观念、想法、主意、立场才是起着枢纽作用的，才有好与坏或积极与消极之分的。就像科学技术本身没有长短善恶之分，而使用它的人才却有好坏善恶的区别一样。所以说，对于危机和问题，人自身才是问题的根本。人是积极的、乐观的，那么，危机和问题就是积极的，富有建设性意义的。

人是消极的、悲观的，危机和问题就会是令人悲观和沮丧的。

一位富有的企业家偶遇了他的中学同学，中学同学问他，“是什么让你赚得了如此可观的巨大财富，而我现在所得却如斯单薄？”这个企业家平均一个月赚的财富，竟超过他的同学辛辛苦苦工作85年的收入总和。差距是如此的悬殊！企业家对他的同学直言，“我们头脑结构不同。”同学听到此话，甚为生气地说：“我记得上学的时候，都是你抄我的功课，你现在居然对我说，我们两个人的头脑结构不同，究竟什么地方不同？”企业家坦诚地说道，“不同点在于我始终留意所有问题背后的机会；而你始终留意的是任何机会背后的问题，所以你就畏惧守旧、’不敢越雷池一步，从而停滞不前。”

这位企业家的话一语点透天机。造成成功与失败天壤之别的恰恰是我们看待问题的着眼点不同。成功者看到他想要的，有巨大利用价值的机会和令人无比高兴的远景；失败者看到自己想要逃避的，给人带来挫败感和虚弱感的障碍和问题，并人为地把问题和障碍调大，从而为自己的失败找借口。

生活中每一个人时时刻刻都会碰到问题，哪怕像开瓶盖那么简单的事，都是一个必须着手处理的问题。解决问题是人生的一部分，从早到晚，谁都躲不开它们。人只要活着，就要面临问题。问题老是与我们“朝夕相处，相依为伴”，是不可回避和否认的。

然而问题即是机会。只要我们能够学会迅速娴熟地解决各种问题，捉住各种机会，我们的人生就会做出一定成绩而取得成功。精明干练的贸易主管业务繁忙，整天在成堆成叠的文件中迅速地做出生意上的决议计划，每一个决定都源于多年日积月累的经验以及获得的直觉。即使一个家里有3

个幼小孩子的家庭主妇，她天天所要处理的问题与机会之繁杂琐碎，同样也要有这种熟练自如的经验与直觉。

一个人在成长过程中，培养并提高解决问题的能力是十分重要的。对每一个员工来说，我们解决的问题越多，完成的任务越大，我们在企业的地位就越稳固，分量也就越重。所以当遇到问题时，不要过于紧张，要保持冷静，把它看作是一个机会，可以锻炼自己快速解决问题的能力的机会。我们必须牢记，如果你的工作不需要解决问题，那么这样的工作很快就不会存在了，你的价值也将从无谈起。因为绝大部分的工作岗位都是为解决问题才产生的。

从这个角度上看，我们应该感谢问题，是问题给我们提供了工作，使之成为生活的前提条件，恰是问题给我们提供了创造财富和发挥才干的可能性。这正像没有病痛就没有医生，没有矛就没有盾一样。但是我们不能因此迷失沉溺在问题、病痛之中。相反，我们要超越它们、克服它们，赢得真正的机会、欢乐和幸福，也就是获得了成功。

假如你从事销售工作，就要努力寻找顾客的问题是什么，因为顾客的问题存在着成交的机会。找到顾客的问题，把顾客的问题妥善的解决掉，你就捉住了一个令消费者自愿花钱购买的机会。一个领导者，假如他擅长处理和解决企业的问题，那这个企业就会发展得更顺利稳当。深一步说，你首先要重视问题，而且更要善于发现问题，包括客户的问题和企业自身的问题。然后，还要善于解决问题，提出行之有效的解决方案。

做到这一步，就是真正地把问题转变为商机和财富。

每个问题背后都躲藏着一个机会，因此当你面对新问题时，第一个反应应该说：“太好了，又有一个问题发生了，这个问题后面一定存在机会，我要如何来使用这个问题，才能获得这个很好的机会呢？”所以，遇到问题，请不要诉苦、不要沮丧，这是上帝对你的特别恩赐和厚爱！上帝要嘉奖你，要对你委以重任或是赋予你使命，才对你如此的苛刻与无情，才让你面对和解决更多更大的问题或挫折。就如孟子所说：“天将降大任于斯人也，必将苦其心志，劳其筋骨，饿其体肤，空乏其身，行拂乱其所为，然后动心忍性，增益其所不能。”从古至今，上天给我们一个亘古不变的启示，那就是：问题之后就是机会。

让我们认真和耐心地读懂问题，看透问题背后的机会，从而紧紧珍惜和掌握吧！如斯，成功就指日可待，可触可及。

◆ 拥有一颗感恩的心

时刻胸怀一颗感恩的心，我们就会成为一个幸福的人。

为何众多的职场精英或新锐，在拥有了财富、权位和荣誉之后，在花团锦簇与强烈醉人的掌声之中，并没有获得想象中的快乐幸福？他们一天到晚喋喋不休、叫苦不止，不停地抱怨领导不理解他们，同事不理解他们，下属不理解他们，客户不理解他们，甚至父母、妻子和孩子都不理解他们！从根本上说这是一个人心态的问题。用一颗感恩的心来与身边的人和物相处互动，我们就会立刻感受到原来世界如斯阳光、如斯可爱。

很多时候我们对自然、社会、公司、股东、领导、同事、下属、客户等等，甚至父母妻儿的付出与关爱都视而不见听而不闻，觉得那是理所当然的，是自己本应得到的。但事实上，绝非如斯。大写的人字，一撇一捺，代表着一个人想要撑起一片天地，成就一番事业，必然要有周围众多人的鼎力支持，一个好汉三个帮，否则，大写的人就会轰然倒地，一无所成，甚至自取其辱。古今中外历史上的很多英雄豪杰，开始都成在“登高一呼，应者云集”，最后都败在“离心离德，孤家寡人”。因此，感恩在本质上是一种利人利己的必然责任：对自己的责任、对亲人的责任、对他人的责任、对公司的责任、对社会的责任。唯有铭恩于心，知恩报恩，才会有恒久持续的责任。

美国每年11月的最后一个木曜日是感恩节。感恩节是美国人民创造的一个古老的节日，也是美国人合家欢聚的节日，所以每提及感恩节美国人总是倍感亲切。感恩节的起因要一直追溯到美国历史的发端。1620年，闻名的"蒲月花"号船满载不堪忍受英国国内宗教迫害的102个清教徒到达美洲。

1620年和1621年交织的冬天，他们遭遇了预料不到的生存难题，处在了饥寒交迫之中，等到冬天过去了，活下来的移民只有50来人。这时，心地纯朴善良的土著印第安人给移民送来了生活必需品，还专门派人教他们如何狩猎、捕鱼和种植玉米、南瓜。因为印第安人的热情慷慨大方相助，最终移民们获得了巨大的丰收，在欢庆丰收的日子，按照宗教传统的习俗，移民制定了感谢上帝的日子，并决定为感谢印第安人的真诚匡助，邀请他们一同庆祝节日。

在第一个感恩节那天，土著印第安人和移民欢聚一堂，他们在黎明时鸣放礼炮，列队走进一间用作教堂的房子，虔诚恭顺地对上帝表达他们的谢意，接着点燃篝火举行了盛大而庄严的宴会。之后两天还举行了摔跤、赛跑、唱歌和舞蹈等活动，第一个感恩节取得十分圆满的成功。从那以后，当初的多数庆祝方式流传了300多年，一直保持其旺盛的生命力，至今在世界上得到越来越多的国家和民族广泛的认可。

感恩是对生命恩赐的领悟，是对生存状态的释然；感恩是对现在拥有的正视，是对有限生命的珍惜；感恩是对赐给我们生命的人的牵挂，是对陌路人关爱的震颤……

作为一名企业的员工，一定要对公司的领导心怀感恩，是股东或领导用自己的资金筹建了公司，为我们创造了一个可以尽情展现自己才华的平台。然而，往往一段亲热的蜜月之后，为数甚多的经理人逐渐诉说公司的环境太糟糕、领导的素质很差劲、员工的水平差得太远、得到的薪酬少得可怜等等。于是，自视清高、郁闷压抑、整日一副知音难遇的悲苦状，要么业绩停滞下滑，即白白铺张浪费了领导的金钱，更枉费虚度了自己的人生年华；要么愤而辞职，频繁跳槽，这山望着那山高，终生漂泊；要么常常被领导炒鱿鱼，英雄无用武之地，一生无所建树。

为什么我们可以很大度地宽恕一个只有一面之缘的陌路人的过失，反而对自己的领导和上司锱铢必较，耿耿于怀呢？为何我们可以因一个陌路人的滴水之恩而感激不尽，却将每天与之相处的领导的种种恩惠，都视之为理所应当，毫无谢意呢？假如我们在工作中不是动辄就寻找借口来为自己开脱，而是能怀抱着一颗感恩的心，情况就会大不相同。

推而广之，可以这样说，怀有感恩的心做人，就是要感谢父母给予生命；感谢家人给予亲情；感谢朋友给予情谊；感谢生活给予快乐；感谢老师、领导或上司的培养；感谢公司和同事的匡助……即使是面临一棵树、一朵花、一汪清泉和一片绿地，也都值得我们怀着感恩的心情去对它微笑。

从一个人呱呱坠地时起，就已经开始接受社会和他人给予的种种匡助，可以确切地说，离开了社会和他人的匡助，再杰出的人物也将一事无成，再伟大的天才也会寸步难行。人生苦短，不论生活是以何种面目泛起，我们都应该拥有平和的心态，快乐地生活。一旦快乐地生活，你就会对生活中的一切心存感谢。“心存感谢打动天地宽”。一个人心存感谢打动地生活，就可以沉淀许多浮躁与不安，消融很多的不满与不幸；就会敬畏地球上所有的生命，珍爱大天然的一切惠赐；就会时时感慨生活中的“拥有”，而不是“缺少”。多一份感谢打动，就少一份自私和冷漠；多一份感谢打动，就少一份苛刻和诉苦；多一份感谢打动，就少一份贪婪与虚荣；多一份感谢打动，就少一份索取，多一份奉献。

对一个人来说，做人、处世以及交往、生活，都要讲求感谢打动和回报，讲求良心和道德。和谐社会倡导我们要与人为善，助人为乐，也必定要求我们在享受社会一切有益成果的时候，对社会承担相应的责任并做出一定的贡献。学会感谢打动，以感谢打动的心理去对待生活，用感谢打动的心去回报社会，我们的生活就会有更多的善意和爱心，这个世界将会变得更加锦绣暖和。

送人玫瑰，手有余香。让我们感谢那些打动别人的人吧，即便感谢、打动的是自己。感谢打动生活，利人利己，何乐而不为？切记，人的本质是社会性的，感谢并打动客户、领导、同事以及其他人，这就是在广积人脉，当今社会人脉就是市场，市场就是财富！抱着感恩的心去做人，你必将走向成功的巅峰！

◆ 找回你的自信心

在现在职场，尤其是职业女性，总是缺乏一种自信心。其实也不能是缺乏，而是没有发现自己身上的优点。事实上，自信心不是别人给你的，而是自己找回来的。

有一位女性朋友，以前可是办公室里的大美人。可现在，皱纹悄悄爬上了她的眼角，她的美丽正渐渐消逝。于是，她经常感叹，在职场上，即使你再漂亮，也不能抗拒岁月的蹉跎——这可真是令人无奈。其实，美丽不能止于外表，这是一个女人的内在问题。所以说，你可以没有非常漂亮的脸蛋，没有出众的身材，但一定要非常自信——自信的女性魅力无穷。

找回自信心的办法很多，比如，每天早上起来，梳洗完毕，对着镜子里那个袅袅婷婷的女人大声朗诵：“我很好，我很好，我真的，真的，真的很好！”一位心理专家说，这是开发自我潜能的手段之一！

有自信的女人，不会整天张狂霸气、高呼女权至上。超越男人的方法，不是把他们压迫在自己的霸权之下，而是活得跟他们一样地舒展、自信；也不是整天要向男人发出战书，或者摆出一副“皇帝轮流做，今年到我家”的进攻态度。和谐、平等和互助的两性关系，才是社会进步的动力。自信，不是自大，自信是相信，也只有相信自己才会幸福。

作为现代职业女性，你需要适时亮出你的撒手锏——职业女性所独有的自信魅力。而自信的女人也常常可以事倍功半，以最高的效率做出最完美的事。有人称这种自信而有魅力的女人是职场抢手货，她们立于职场不败之地，让领导们魂牵梦绕。

某广告公司李总，最近就对一名部门主管周小姐牵挂不已。请别误会，二人使君有妇，罗敷有夫，绝无情爱瓜葛。李总是一名海归派，最近携一笔巨额风险基金回国投资，创办了一家颇具规模的广告公司。已经瘦了好几圈的李总仍然急在心上：策划部经理没有人选。应聘者都不够出色，单资历就弱，更没有见识，这么大一摊怎么能放心交出？眼见内容青黄不接，新一轮市场推广即将投入，总不能事事亲历而为吧？

这天朋友聚会，周小姐陪夫君赴宴。李总见过周小姐的策划方案，很有好感。赴宴前，李总刻意打扮，并决定坐在周小姐夫妇旁。果然，周小姐不漂亮但很舒服，透着一股书卷气，还有谦谦君子的风度。机灵的周小姐不仅点子多，而且观点犀利，表达轻松幽默，内心又时尚又狂野。李总几乎目不转睛，高薪挖周小姐的计划成竹在胸。

周小姐受宠若惊，禁不住李总的个人魅力和高薪诱惑，很快答应。周小姐说干就干。在交接过程中，出策划、联系客户、管理下属、包括写策划文案，全面到位。李总真是喜得做梦一般。

“没想到煮熟的鸭子也会飞了！”一周后，周小姐眼泪汪汪地告诉李总不能过来了。原来，周小姐一撤，前一家公司炸了锅，刚付了押金的客户们还等着广告策划方案呢，员工们更是人心思动。高层立即拿出软硬两套方案：一套除名、收房、给机关幼儿园交高额赞助费、补交培训费等；一套出动了提拔她的副总编辑回忆创业深情。年轻的周小姐无力招架，只得悔约。李总真是后悔当时没签协议，他可以提供一切补偿但已无法叫周小姐收回对公司的签字，心疼得像被人抢了新娘一般，鼻子一阵发酸。

现在已有一位称职的男策划，而李总依然很关心周小姐的动态：一是周小姐的确优秀，发展的空间颇大；二是周小姐素质好，可以转做媒介总监；三是他的合作公司中也很需要这样的人。李总知道周小姐只是经大事少，重感情。他的公司管理有问题，周小姐出来是早晚的事。周小姐就这样上了李总无字的名单，李总倒不怕等，任何出色的团队和庞大的产业都不是一朝一夕建立起来的。

这两年，周小姐觉得很奇怪，她常常碰到对她职业状态感兴趣的老总，经常游说她跳槽。周小姐非常敬业和忠诚，虽然这次是真动心了，但真的脱身之术。老公说：“因为你是最优秀的职员。”

说得玄乎一点，自信来自于你的磁场，也就是你个人的吸引力。女人自信的第一步就是要赢得上司的欣赏。心理学家证实，外在形象可以最先吸引他人的注意力，并在7秒钟后变成对你的基本判断。领导对一个人没有基本好感，不可能雇她做事。

那么，怎样才能找回职场自信心呢？简单来说，你需要做到以下几点：

1. 接受正规的教育、培训。领导大都非常喜欢名牌大学毕业，或有大企业任职经历的员工。他们认为好的教育与阅历会带给公司正规和实力。强调这些部分，包括与之相关的培训和进修。实在没有的话，不妨考虑去报一个此类机构办的实用的班。

2. 做一个信守承诺的人。与领导交谈时要掌握一个原则，即不要只谈计划和实施，领导常常会直接切入结果，承诺自己能做到什么，再谈及为此拟定的方案。

3. 追求目标，百折不挠。包括：遇到紧急事件心理镇定、步骤清晰；具有成败掺半风险时选择迎接挑战；挫折不能很长地阻止新的方案开始；不把挫折归因于自己或同事的缺点；心中期望的目标比预定的目标更高；怀着期望成功而不是害怕失败的情绪做事。

4. 具有忠诚敬业的品格。公司的目标往往高于个人，你需要绝对忠诚于公司和领导，时刻站在他们的角度上来想问题。

5. 克服优柔寡断、患得患失等缺点。你要学着变得有决断力、有热情、有点冒险精神，常常把事情看得更简单而不是更复杂。出现问题不要先分清责任，而是从解决问题开始。

6. 培养你的能力。另外还要记得，所有领导都欣赏能干但从不跋扈的女人。

7. 勇于承认自己的错误，并向比自己资历低的人学习的女人是可爱而自信的，她往往能够顺利处理多方面的要求，随时按需要变化工作的重点。

8. 你要喜欢赞扬和自我赞扬，尤其是自我赞扬。如果你太低调，这绝对不是好事。事实上，我们总是被习惯弄得爱做批评与自我批评，在领导的鞭策和自己的不足中成长。告诉你，这完全没有必要。记住，笑比哭好，更利于健康。谦卑可以放在学问和修行上，决不放在工作中。

9. 千万别打成为领导情人的想法。如果你是打着成为领导的“情儿”而工作，那你的自信就会带着些许令人作呕的“馊味”，给你的成功加上引号。要知道，成为情人是彻头彻尾的职场失败，其实，这也是不自信的一种表现。

10. 让你的业余爱好丰富起来。我们常说“傻得像博士似的”，就是因为通常博士总是死读书，而几乎没什么爱好。这个世纪，同在一个公司里的员工智商差别不大，如果想更与众不同，就要有点爱好，这可令你关键时刻拿高分！

第二章 怀才不遇不抱怨，做出业绩是关键

基层员工就像一只翅膀稚嫩的小鸟，每天眼巴巴看着天空哀叹：我是一只小小鸟，想要飞却飞不高！如果上帝给我一双强壮的翅膀，那该多好啊！

其实，这样的员工不在少数，他们得不到晋升一点也不奇怪。因为上帝是公平的，机会只留给有准备的人。那些一天到晚只会守株待兔，什么也不干，就幻想有一天晋升的机会会砸到自己头上的人，往往会落得一场空。非但不会得到重用，甚至还会有丢饭碗的可能。

因此，要想成功晋升，必须有所准备。

◆ 学会不断为自己鼓劲

不要以为只有那些天才们才可以一飞冲天、直上云霄，其实你也可以办到。只要你对自己有足够的信心，并且以坚忍不拔的屹立朝着晋升的目标前进，总有一天你会成功。

据说，超女纪敏佳在每次上场比赛之前，都会对自己大喊一句话："燃烧吧，我的小宇宙！"无论她当时状态如何，身体状况好不好，心情快不快乐，喊出这一声后，她都会觉得自己全身立刻充满力量，从而变得信心十足，面对任何挑战和压力都气定神闲。

燃烧吧，我的小宇宙！多么熟悉而让人振奋的一句话。

在动画片《圣斗士星矢》中，每当与强敌作战时，圣斗士星矢都会舍命去搏斗。在他感觉自己就要支撑不住的时候，总是会大喊一声："燃烧吧，我的小宇宙！"这一句话能让他体内的能量瞬间爆发出来，以不可想象的力量一举击败敌人。

圣斗士的坚强、勇敢和忠诚影响了很多孩子，其中这句"燃烧吧，我的小宇宙"则成了大家通用的一句口头禅。其实，这就是自我激励的力量。

是的，任何人都需要鼓励。谁都有感觉心力交瘁的时候，不管你个性如何刚强，工作时怎样能拼敢闯，内心深处都有自己脆弱一面。在竞争激烈的职场中，面对种种排山倒海的压力，人们往往感到孤单和彷徨。

难道真的会有精灵忽然挥着魔法棒来救自己于水火之中？又或哭泣时总有人温柔地递上散着芬芳的纸巾？抑或想发泄的时候刚好天降大雨能容你过瘾地奔跑？算了吧，这样的想法想都不要想。巧合是电影剧本里的道具而已，真实的生活里想让阳光一直住在心里，就得学会自己靠自己，要能自己激励自己的斗志才行。

在央视“梦想中国”里选出的女孩王思思，是所有平民偶像中成名最早的一个，然而也是推出专辑等待周期最长的一个。当张杰、安又琪在那边风风火火的时候，王思思的近况却令人担忧，由于个性、定位等与唱片公司不和，唱片制作几近难产，王思思甚至面临着被雪藏的危险。

舆论压力重重，前途渺不可测，而所有这一切她只能默默去承受，因为没有作品问世，一切解释都是徒费口舌，只能选择等待，除了等待还是等待。在漫长的 8 个月等待加调整的过程里，王思思不断告诉自己：“我不是最漂亮的，但我有实力”。说一千遍一万遍，以此保持自己自信的微笑，终于迎来新专辑问世的日子，云破日出，否极泰来，可以昂首面对所有关注着她的人了。

如果你能够为自己鼓劲，何必去等着别人来喊加油？

当面临压力和沮丧时，你应该对自己说：“我是独一无二的！”是的，没有谁生来就比别人差，何必总想着“他（她）一定比我强”，或是“我没人家那个命”呢？当挑战来临时，我们只有两条路可走，一是相信自己、肯定自己的阳关道；二是否定自己、怀疑自己的独木桥。为什么我们不去大喊一声：“燃烧吧，我的小宇宙！”而后信心十足地去奔赴一条阳光之旅呢？

成功学大师斯普林格说：“强烈的自我激励是成功的先决条件。”其实，经常自我激励也是缓解压力的有效武器。你能经常体验成功的快乐，从而激发你的潜能，活跃你的情感找到成功的机会吗？你怎样擦出耀眼的火花？如何接近成功的山峰？那就请尽快学会自我激励，提高你的个性魅力吧！

◆ 充分利用你的优点

请不要妄自菲薄，把自己想象的一无是处。事实上，每个人都有他自己的优点，只是你没有充分利用它而已。于是，碌碌无为就显得理所当然了。

你遇到过如下问题吗？自己整天忙忙碌碌，忙前忙后，可是就没人注意到你；自认为工作能力强，经常有创见，可总是得不到领导赏识。是什么原因导致了这种情况呢？应该如何改变这种状况呢？如下的几点建议肯定会有助于你。

一、勇于承担责任

任何人都会犯错误，一个人在职场要想不犯错误简直是不可能。遇到难以完成的事情，争取过来做就是，表面看起来这似乎是在做不可能的事，但是你也许不知道，在公司中，很少有上司因为下属没有完成一件困难的事情而解雇下属的。

有困难的事情实际上是一个机会。同时也显示了你勇于为公司、单位承担责任。实际是你表现的机会，是你的机遇。

二、提前上班半小时

很多人都特别留恋早晨温暖的被窝，总是在上班前 5 分钟才急匆匆赶到。因为这样赶，有时候难免就会迟到。别以为没人注意到你的出勤情况，上司可全都是睁大眼睛在瞧着呢！

早到半小时，不但会给你的形象带来巨大的好处，而且会真正影响到你每天的工作状态。

想想看，当别人刚刚起床，或者正急匆匆赶拥挤的公车的时候，你已经坐在办公室开始对一天的工作做规划，你们的差别会在哪里？这看起来很小的优势会让你在短时间内和所有的竞争对手拉开很大的距离。

三、善于学习

一个人要想成功，树立终生的学习观是必要的。既要学习专业知识，也要不断拓宽自己的知识面，往往一些看似无关的知识会对你的工作起到巨大作用。很多报纸、杂志看起来只是一些庞杂的无用知识，实际上也起到了开阔视野的作用。记住一句话：开卷有益。

四、反应要快

永远要记住：上司的时间比你的时间宝贵。所以，对于上司临时指派给你的工作，一定要尽快完成，千万不要让上司找你来催促你，接到任务后要迅速完成，然后主动汇报。这不但是一个个人能力问题，而且牵扯到上司心目中对自己计划执行情况的考量。

如果你总是能够完成上司指定的工作，无疑，在上司心中，你的执行力会大大提高。现在执行能力甚至超过策划能力。很多事情，能够策划的人很多，而执行的人却寥寥无几。

五、保持冷静

遇到紧急事情，发怒生气无济于事，最重要的反而是保持冷静。保持冷静固然不会改变局面，但是起码让你能够思考如何来应对。面对任何困境都能处之泰然的人往往是那些能够解决问题的人。

在与人交往中，这一点尤其重要。很多人之所以得不到提拔，主要的原因就是过于喜怒形于色，心中藏不了事情，这样的人领导怎么放心告诉你机密，你怎么能够成为心腹？

六、保持平常心

即使你做好了上面的一切，也不一定会升职。成功需要机遇，即使一件十分简单的事情也有可能出现复杂的变化。因此，做好足够的心理准备并不是一件坏事。

尤其是，当你以为成功就在眼前的时候，这种时候如果没有心理准备往往就会自暴自弃。也许，就在你选择放弃的时候，真正的机会就会到来。所以，预先的心理准备不但能够减轻你的失落感，同时也能给你带来更多的机会。心理素质不但很多运动员需要，一般人在工作、学习中也十分需要。保持平常心，提高心理素质是成功的必要准备。

◆ 做好职业生涯规划

你能否在工作中发现自己的人生价值，能否对工作保持长久的热爱？要做到这一点，选择最适合你的职业，做好职业规划至关重要！

一个人在世上有许多职业可以做。对你来说，一种好职业的标准是：它益于你的发展、能够使你不断进步、能让你学到相当的技能，而且能实现你的人生目标。

一个人在选择一个职业前首先要确定自己的人生目标，因为人生目标大多要靠所从事的职业而实现。比如工程师、管理者或者领导，甚至也可以是一个具体的财富目标。有了这样一个目标，你选择职业才会有的放矢，而不是误打误撞碰到哪儿算哪儿。

选择职业，也就是选择一个最适合自己发展的环境。在这一环境中，竭尽全力去把事情做得尽善尽美，以此来实现你期望的目标。你所选择的环境一定要适合你的性格、才智和体力。一开始做事的时候一定要先迈得开步伐，然后才能大踏步地前进。在一个适合自己的环境里，我们做起事来才能感到顺畅愉悦。

虽然，我们应该及早选择一种最适合自己的职业，但也不可过于急躁、过于草率。如果还无法及时确定，不妨慢慢来，再慎重考虑一下。固然，这样的问题对于才智过人的年轻人来说是不难抉择的，但是我们还是能看到，多数的青年人因为职业选择的事情弄得心绪紊乱、焦头烂额，自己究竟应该往那边走，还是往这边去？有的青年，开始做一项工作时，可能只是为了先有口饭吃，但是随着时间的推移，你的斗志可能被渐渐磨平了，惰性也滋长了，甚至连目标都放弃了。

有一位大学毕业生，他所从事的工作也许令人感到十分意外——他是一家蔬菜公司的搬运工人。当年他从学校毕业后去当兵，当兵退伍后又一时找不到工作便经人介绍到蔬菜公司当临时工，赚点零用钱。没想到一干就是几个月，由于已经习惯了那种工作和周围的环境，也就没有积极去找别的工作。于是十多年以来，他一直干着这一工作，而且已经年近四十，他更不想换工作了。他说："换工作，谁会要我呢？我有什么专长可以让人用我呢？"于是他只好继续在蔬菜公司当搬运工人。

从上面这个例子可以看出，一个人走上社会时的第一个职业选择是十分重要的，也许客观上会影响你的一辈子。也许你可以说，当我在某一个行当干得不愿干了，再换个行当不就解决了吗？也许你可以做到，而绝大部分人是做不到的，因为一个人在某一行当工作久了，时间一长可能就习惯了，加上年纪一大，家庭负担更重，便会失去转行时面对新行业的勇气。因为转行就得从头学习、重新开始，同时又怕影响自己和家庭的生活，另外，有些人心志磨损，只好做一天算一天，有时还会扯上人情的牵绊、恩怨的纠葛，种种复杂的原因，让你真是感到“人在江湖，身不由己”！

古话说：“男怕入错行，女怕嫁错郎。”在决定你一生的事业时，一定要想清楚了再去做。择业前，时刻都要问自己：你所从事的工作，是不是你所要的？它能不能使你达到自己的目标？这样，才能让自己少走弯路，更快地迈向不凡。

要有自己明确的目标，根据自己的特点确定适合自己的目标和职业，即：定好位，入对行，跟对人。

◆ 千里马也要跟对伯乐

据说，很久很久以前，有一匹瘦骨嶙峋、筋疲力尽的马，在翻越太行山时由于伯乐对它的赏识和体贴，结果就一跃而起，嘶声直抵云霄！这就是千里马遇伯乐的故事。“千里马”再有能力，也需要“伯乐”去发现，而不能“策之不以其道，食之不能尽其材，鸣之而不能通其意”，这样“千里马”日行千里的能力才会表现出来。

唐朝才子韩愈，就是一匹没被发现的“千里马”。他在初登仕途时，就很不得志，曾三次上书宰相请求重用，然而，宰相并没有“伯乐”识英才的慧眼，更没有“伯乐”一样的胸怀。于是，悲观、失望的韩愈写下了著名的《马说》,“千里马常有,而伯乐不常有”也成为千古名言。在这篇《马说》中，作者借“千里马”不遇“伯乐”而“辱于奴隶人之手，骈死于槽枥之间”来比喻自己怀才不遇明主的遭遇，实在再恰当不过了。

如果不能跟对伯乐，像李白、杜甫等一批怀着“天生我才必有用”的

“千里马”，最终也只能落得“浪迹天涯”。所以，千里马一定要跟对伯乐，这样才能发挥潜能，一跃而千里。因此，如果你是一匹千里马，就要寻找像“伯乐”一样能慧眼识英才的明主，而无须在愚蠢的“食马者”身上浪费光阴。

多年来，索尼董事长盛田昭夫养成了一个习惯，每天下班之后，喜欢走进员工餐厅与员工一起就餐聊天。有一天晚上，他忽然发现一个年轻员工郁郁寡欢、满腹心事。盛田昭夫就主动坐在这个员工对面，与他攀谈起来。

几杯酒喝下去，这个员工终于打开防线，开口说：“我毕业于东京大学，原本有一份福利待遇都丰厚的工作。还没进入索尼之前，我就对索尼公司崇拜得发狂，一直梦想着可以有机会进入索尼。终于，我放弃原本不错的工作，进入了索尼。可是，来到索尼这么长时间，我越来越失望，我发现自己不是在为索尼工作，而是在为科长干活。这也就罢了，更让我失望的是，我自己的一些小发明与改进，科长不仅不支持，还挖苦我癞蛤蟆想吃天鹅肉，说我有野心。现在，我已经没有了当初的激情与理想，我越来越泄气，难道这就是我曾疯狂崇拜的索尼？我开始怀疑我当初的选择是否正确了！”

这番话给盛田昭夫的震动很大，于是，一项新的劳动人事制度在索尼诞生了。公司每周出版一次内部小报，刊登各事业部、研究所、生产车间等用人部门的“招聘广告”，员工可以自由而秘密地前去应聘，他们的上司无权阻止。同时规定，每隔两年就让员工轮换一次岗位，让员工有机会寻找最适合自己发展的岗位。这项制度实施后，索尼公司每年有近200名员工，“跳槽”到自己更感兴趣、更能发挥自己特长和创造力的工作岗位上。

从此，索尼员工的工作效率大增。

职场里，有无数的“千里马”得到了“伯乐”的赏识，使自己的能力得到了发挥。同样，也存在有像韩愈一样的有日行千里之能的“千里马”不遇“伯乐”的现象。这是因为，在企业领导中，仍然有“策之不以其道，食之不能尽其材”的浅薄愚鲁的“食马者”。他们本身并不具备“伯乐”的素质，又怎么可能觅到“千里马”？即使找到了“千里马”，往往也害怕自己被取代而加以压制，甚至是借口“驱逐”！对于这样的领导，我们最好敬而远之，转而去选择能够发现自己才能、并能重用自己才能的“伯乐”。

因此，作为一名“千里马”型的人才，也要有一双识别“伯乐”的慧眼，选择好领导。

◆ 你为晋升做好准备了吗

很多人虽然希望到更广阔的空间去表现自己，但却没有充分认识到主导自己命运的重要性，认为成功完全是贵人相助的结果。

其实，要想成功，首先就必须转变这种错误的观念，做自己的主人。

在职场中，能够获得贵人相助，固然是晋升的一个重要条件。但也不可放松对自己的要求，因为机会只针对有准备的人。若想顺利取得晋升，还得付出足够的努力才行。若你整天守株待兔一般，坐等贵人的出现，到头来也只会是一场空。

因此，在贵人出现之时，你应该积极进取，为晋升做好充分的准备。

一、进行角色转化

有的人上升到了一定的管理层就停止了对自己的要求，认为已经足够了。而且很多情况是，当贵人把你提高到一定的层次之后，你的表现反而不如从前出色。达不到贵人的期望，贵人自然也不愿再帮助你。实际上这些都是角色转化的问题，你没有真正接受好事业成功者和领导的角色。角色转化不好对职业发展是非常不利的，甚至会导致职业的终结。所以，在职场中获得发展机会的时候，应该尽快适应角色的转化，应对的措施就是直面困难、勇敢挑战。

二、克服不足，要有大气魄

很多人由于习惯于做小员工，性格上“小气”，比较注重面子，缺乏大气魄。这样的人一旦获得晋升，就会影响作为管理者的魅力。此外，还有的人太在意事情的细节和处理问题的方式和方法，好的一面是可以使问题比较平稳地解决，但是有时候也会给自身带来麻烦。比如过于考虑照顾下属的面子使问题没有达到最佳的解决效果，使自己处于一个两难的尴尬境地。总之，要想顺利晋升，这些缺点都应该克服。

相对于基层员工，管理者不应因为关注细节而变得婆婆妈妈，这些可以放在关心员工上。对风险的态度是在职场中发展的障碍，有的只会一味逃避风险，这样不会把企业做大。事实上，这类领导者的企业一般不会破产，但企业规模做大的并不多。因此，在职业发展中，一定不要因小失大，成就大事业肯定需要有大的胸怀，在这方面存在不足要注意弥补。

三、调整身心，缓解压力

获得晋升后，你肩上担负着远超过以前的责任，将承受着更大的压力。这时候，在职场奋斗多年的你会感觉到更加吃力，甚至为此身心俱疲。

事实上，压力对所有员工来说都是存在的，包括升迁、谋求更大的发展等方面。只不过，随着职位的提升，压力也随着增大了而已。这时候，一定要学会调整身心、学会给自己减压，从而在事业上达到一种平衡。

四、保持进取心

许多人由于对工作缺乏强烈的进取心和上进心，容易满足，再加上烦琐的生活问题，他们就放弃了主动学习。久而久之，他们的工作能力就会相对下降，无法满足工作的要求，职业生涯发展也进入了死胡同。其实，灵感的迸发、创新发展都与你获得的知识有关。对于领导者来说，只有持续学习才能使事业持续成功。

五、抓住机会——真切体会自身价值所在

贵人只能为你提供机会，却不能帮助你把握机会。因此，机会来了，一定要靠自己去抓住，这一点谁也不能代替。

案例：

David在著名跨国公司工作，英文极佳，自诩用英文写东西比中文要清楚。每每我们听他用流利的英文与人说话时，都会艳羡不已。请教下来，竟引出一段职场贵人的故事。

David大学毕业后，考进了著名的跨国公司，自知英文很烂，便死记硬背了所负责产品的英文解说词。一日下班后单独留在办公室，进来一个中年人，找个座位坐下来就开始用电脑工作。这时，一个客户电话打进来，正好碰上是David所负责的产品，因此对答如流。电话挂断后，中年人与David便聊起来。

几句话过后，David才得知，这位中年人是David领导的领导的……的领导，大中国区的MD（董事长）。自此，受到大领导鼓励的David信心大增，英文一日千里。而MD也经常问起那个英文很棒的小伙子工作如何，引得David的领导同事们惊诧无比。后面就是在MD的光辉照耀下，灰姑娘变公

主、丑小鸭变天鹅之类的职场成功故事了。

六、主动规划自己的未来

职场中人在规划自己未来的过程中，势必会遇到很多困难，这就要求你必须有很强的韧性，坚决贯彻自己规划未来的意志，遇到困难时能够坚持不懈。在遭遇困难的时候应该及时向身边的朋友、专家寻求帮助。职业规划分为3年、5年、10年三种，你应该根据自己的目标做出明确的规划。

◆ 创造让自己晋升的条件

对职场中人来说，要想获得升迁、成为名副其实的成功人士，只靠贵人相助不行，光说不练不行，空有一套方案也不行，你必须用行动证明自己的实力。

案例：

灿灿是一位计算机博士，但很长时间找不到满意的工作，因为人家怕她不好“使唤”。后来，她动了一个心眼，在找工作时，并不拿出学历证书，只说自己爱玩电脑，结果很快就找到了一份程序输入员的工作。

在工作中，上司发现她能在输入过程中发现许多错误，并能提出一些实用的建议，觉得她水平不同一般。这时，灿灿拿出了学士证书。于是，上司给她安排了一个新的岗位。

不久上司又发现她有一些过人之处，这时，她拿出了硕士证书。于是，上司又给她重新安排了新的职位。在工作一段时间后，她又拿出了博士证书。结果，上司就非常放心地把整个公司交给她去管理。

俗话说“人往高处走”。想尽办法向上升迁，是无可厚非之事。但并非想升就能升，而必须具备有助于升迁的条件。

一、运用能力

能力是一把梯子，决定你能爬多高。如果指望别人用双手将你托起来，就得时时担心他松手。当然，能力并不是个简单的观念，主要有以下4个部分组成：

1．技巧：能将困难或复杂的技术简单化。

2．知识：具备有关的、已经组织好的信息，而且能够运用自如。

3．态度：表现出高水准的积极的情绪倾向和意愿。

4．信念：对自己完美的表现有信心。

二、不断提升能力

如果想升迁的话，现有的能力永远是不够的。假设你是一个普通职员，想爬到主管位置上，那么，你现在的专业技能显然不够用。你需要具备相应的管理能力，以便管理下属；还需要熟悉相关部门的知识，以便跟他们合作，等等。如果这些能力还不具备，就应该尽快学习。等爬上去再学习的想法是不现实的，谁愿意将某个职位交给一个暂时还不能胜任的人呢？除非那些任人唯亲的人才会如此。

三、寻找升迁机会

并非所有能力都有助于你的发展，也没有一种能力可以适用于各种职业。寻求新的发展，意味着获取新能力，而且必须以事业为主，必须清楚自己所必需的能力，以及促使自己表现非凡的能力。

如果自认为升迁成功是你的必然，不妨使用下面的个人发展技巧：

1．明确地认识下一个职位目标。

2．把此刻正担任着你所渴望扮演之角色的人列出来。

3．尽可能客观地按表现“成功”和“不成功”将他们分类。

4．分别去认识表现成功和表现不成功的人。

5．尽可能弄清他们成功或不成功的原因。

6．问明哪种做法有助于成功，并仔细把这种做法的特点写下来。

7．比较“最好”和“最差”的做法，看着它们差别在哪里。

8．在工作机构外，观察你所崇拜的表现成功的人士，以得出结论。

9．参考教科书、自传等等，以便获得不同的看法。

10．把所崇拜角色的突出能力，详细写出来。

11．把所需的能力和自己目前的能力作个比较，并为填补这道鸿沟而拟定行动计划。

12．能力分析的关键在于对已扮演该角色的人士做详细研究，这就需要观察并积极倾听他人的叙述。希望出人头地是无可厚非的，但这却不是个人的事情。当你在节节上升之际，无形中会与其他同事竞争，这时候知己知彼则显得尤为重要。

◆ 紧紧抓牢每一次机遇

在职场中，能否顺利晋升也是要看机会的。机会是什么？机会是当你面对成功的困惑时，她已经披着面纱悄悄地站在你的身旁。如果你是一个有心人，你一定能把她揽入你的怀抱，如果你继续埋怨或自暴自弃，她就跟你擦肩而过离你而去。

其实说白了，机会就是机遇，即下级获得晋升成功的机遇和时机，是得到晋升的前提。机会虽然是偶然出现的，但它也有规律可循，只要你做好各种准备，你与机会的距离就越来越近了。一个人的事业是否成功，人生是否壮丽，在很大程度上要看他能不能赢得和充分利用一次又一次的机遇。具体来说，你需要注意以下几点：

一、要善于发现各种机会

机会就存在于我们的生活中，谁也无法预知它来自何方，以什么面目出现。有时它从“前门”进来；有时它来自“后窗”；有时他以本来面目出现；时而又乔装打扮为不幸、挫折的模样。作为下级应慧眼识珠，发现每一个机会。首先，要有开阔的胸怀、广阔的视野，把眼光放在更广阔的领域，而不是局限于某个狭小的范围内或某个单纯的渠道上。其次，要善于分析，机会常常改装打扮以问题面目出现，如对某一重要问题的解决本身就为某下级的晋升提供了良机。

再次，要乐观，不要仅看到眼前的问题，还要发现问题后面的机会。发现机会之外，还要善于把握机会。机会就在生活的每一瞬间，它稍纵即逝。凡事业成功者，都善于假借机会，从不放过任何一次机会。哪怕是不起眼的或者是稍有不慎会遭厄运的机会。

“幸运之神常前来叩门，但愚昧的人却不知开门邀请。”很多人以为机会的来临，大概是敲锣打鼓，披红戴绿，不同凡响。其实不然。机会的最大特点就是悄悄来临，稍纵即逝。就像古谚语说的，机会老人先给你送上它的头发，如果你一下没抓住，再抓就只能碰到它的秃头了。或者说它先给你一个可以抓的瓶颈，你没有及时抓住，再摸到的就是抓不住的圆瓶肚子。可见，机会老人是好捉弄人的。您是否经常只“碰到它的秃头”？如果这样，请您注意“及时行动”。

二、要善于争取机会

下级欲晋升成功切不可一味等待伯乐上门相才，而要主动争取施展才华的机会，即使伯乐上门相才，也须有显露才华的明显迹象为依据，才能被相中。

争取最热门和领导最关心的工作。领导最关心的，是关系到全局利益的较急、较难、较重的工作任务。如果我们能以敏锐的观察力，理解一个时期内领导的工作思路，以自己的最大才智和干劲，把领导目前最关心的事情办好，那么，无论在业绩上还是上下级关系上，都能收到事倍功半的效果。

不管将来仕途上的考核制度完美到什么程度，不主动的人也不会得到好的评价。

汇报工作如此，干工作也是如此。只要你觉得有干那件事的才干和本领，你就尽量去争取好了。如果不去争，就会在客观上落在别人后面。

三、要善于创造机会

俗话说，愚者丧失机会，弱者等待机会，智者把握机会，强者创造机会。强者可以在可能的情况下，通过自己的努力，创造有利于自己晋升的机遇。

1．自己创造机会

下级在可能的情况下，可以通过自己的努力，创造有利于自己晋升的各种机会。譬如，受到不公正的待遇后，可以成立一个新的组织，并在这组织中担任重要的职务。

提高知名度的办法很多，简而言之，有四条：

一是借助大众传播媒体的力量，提高自己的名气，扩大自身的影响。二是借助于各种社会活动，不放过任何一种出头露面的机会，如积极致力于公益事业。三是开展全方位、多侧面的外交，通过交际和游说，使人们对自己由不知到知，由知之不多到知之较多。在与老朋友保持联络的同时，你还必须多与大众接触，扩大交游范围。知道你的人愈多，对你愈有利，因为往往在这些人中存在着能为你敲开成功大门的人。

2．成为引人注目的焦点

要想晋升成功，就必须使自己成为众目的焦点，让公众和上级了解自己、信任自己、支持自己。有些下级虽然才华盖世、能力超群、成绩卓著、年富力强，足可以胜任更高一级职位的工作，但因其才华、能力、成绩鲜为人知，终难晋升。

亚特兰大的哈维·柯尔曼对于晋升之道提出过新的见解。他在IBM工作了十一年，其中有一半时间是从事管理方面的工作。目前他正担任美国电报电话公司、可口可乐公司、智囊以及默克等公司的顾问。柯尔曼根据他在多家大公司的所见所闻，将影响人们事业成功与否的因素作了如下的划分：工作表现只占10%，给人的印象占30%，而在公司内曝光机会的多少则占60%。柯尔曼认为，在当今这个时代，工作表现好的人太多了。工作做得好也许可以获得加薪，但并不意味着能够获得晋升的机会。他发现，晋升的关键在于有多少人知道你的存在和你工作的内容，以及这些知道你的人在公司中的地位影响力有多大。由此可以看出，曝光机会在晋升中起着重要的作用。如果你想得到快速的晋升，最好成为引人注目的焦点。

3．为机遇创造各种条件

等待机会，是一件极笨拙的行为。因此，不要以为机会像是一个到家来的客人，她在你门前敲着门，等待你开门把她迎接进来。恰恰相反，机会是一件不可捉摸的活宝贝，无影无形、无声无息。她有时潜伏在你的工作中，有时徘徊在无人注意的角落里，你如果不用苦干的精神，努力去寻求、创造，也许永远遇不到她。

从某种意义上说，人间处处有机会，机会对每个人都是均等的，只有懂得珍惜它的人才能知道它的价值，只有持之以恒追求它的人才能得到它的青睐。你付出的愈多，你抓住的机会就愈多，你成功的可能性就愈大。相反，你付出得越少，你的机会就越小，成功的希望就越渺茫。

四、众人堆里显出你

公司的上司绝不会无缘无故地注意到你，你应当主动地争取机会表现自己，只要能够引起上司的注意，获得上司足够的重视，那么，晋升只是早晚的事情。

在工作中，也许你的工作不是公司的重点，没有完全发挥出你的能力，但你一定要努力地争取机会。你应当了解上司喜欢员工的工作态度和素质，你就会有更好的表现。

1. 保持良好的精神状态

别以为个个通宵赶工，一副疲惫的样子，会博得上司的赞赏和喜悦。在他心中很可能会说“年轻人体力不济”、“有更严峻的任务能胜任吗”等等，对你的精神和体力表示怀疑。因此千万不要令上司对你产生同情之心，因为只有弱者才让人同情。如果上司同情你，已经表明他对你的能力产生怀疑。无论在什么时候，在上司面前均保持一贯的良好的精神状态，这样他会放心不断地把更重要的任务给你。

2. 突出自己的作用

有时候，上司未必喜欢谦虚的下属，太过分谦虚反而会吃亏。例如：当你带领其他员工完成一件艰巨的任务而向上司汇报时，一定要把自己的作用放在醒目的位置上。不要以为心有谦厚之道，以美德便能取胜，这是书呆子的做法。你自己不说，别人也不会提，这样上司可能永远不知道你做了些什么。

3. 增加工作效率

让上司了解你是一个对工作十分投入的人。不仅是这样，你还要尝试用不同的方法增加工作效率，使上司对你形成深刻的印象。一个灵活的、不死板的人，总是会引人注意的。

4. 毛遂自荐

当上司提出一项计划时，你可以毛遂自荐，请他让你试一试。当然，你须掂量掂量自己，以免被上司认为你自不量力。

5. 增加知名度

担当琐碎工作时，你不必把成绩向任何人显示，给人一个平实的印象。当你有机会承担一些比较重要的任务时，不妨把成绩有意无意地显示，增加你在公司的知名度。这非常重要，因为上司是否会注意你，往往是由于你在公司的知名度如何。掩藏小的成绩，渲染较大任务的成绩，可起到名利双收的效果。

6. 略有反叛

古人云："将在外，君命有所不受。"应付庸碌的上司，你是无可选择地要采取绝对服从的态度。但是，并不是所有的上司都喜欢这样，特别是精明强干的上司，会对那些略有些反叛但会为公司利益着想的下属产生注意。

第三章

面对领导不抱怨，忠诚敬业是关键

敬业，就是敬重并重视自己的工作，把工作当成用生命去做的事，并对此付出全身心的努力。敬业的具体表现就是干一行爱一行、认真负责、一丝不苟地对待工作，即使付出更多的代价也心甘情愿，并能够克服各种困难，做到善始善终。

在现代职场，一个员工能否成功晋升，很大程度上取决于他的敬业程度。因为，一个员工在公司发展，关键的一点是看他能不能认真地对待工作。能力不是主要的，能力差一点，只要有敬业精神，能力就会很快提高。

◆ 跳槽不是一个简单的问题

很多人认为，所谓换工作，就好比是换个跑道重新跑而已，也没什么大不了的。可是，当你准备换个跑道重新跑时，是否考虑过这样一些问题：当你的职业生涯陷入暂时的困境时，换工作是否真能带来一线生机？换工作成功的可能性大不大？换工作也有风险成本，万一新的工作更不理想怎么办？

事实上，这些问题你必须得考虑到——如果你决定换工作的话。下面的几个例子会让你从中领悟到，换工作并不一定划算。

曾先生毕业于南京某大学，通过公务员考试顺利进入到老家一政府部门工作，月薪1000多元，其主要工作任务是处理一些日常事务。曾先生原本很满意这份工作，后来在不断听到厦门、深圳、上海等地的大学同学月薪五六千时，便贸然辞职，独自一人来到厦门。

原以为很快能在厦门找到一份理想工作，没想到找了两个多月，工作还是毫无着落。三个月后好不容易才找到一份月薪1500元的工作，但每月自付300多元的房租水电费，其待遇认真算起来还不如以前。曾先生从离职到找到新工作，前后共花去2000多元，每每想起此事，他总是懊悔不已。

张先生原是北京某电脑公司网络工程师，月薪万元，许多同学都很羡慕。但今年4月，张先生还是在众人的惊诧声中辞职了，辞职原因是因为一次工作疏忽被老总责备了几句，心高气傲的他一时气愤难平，认为自己名校毕业新找份工作易如反掌。事实证明，他的确是个抢手的人才，但绝大多数用人单位只开价五六千元，与其理想薪金相距甚远。就这样，他高不成低不就在家“待业”，两个月后，他无奈之下选择了一家月薪5000元的电脑公司。

跳槽要承受“待业”期间因无经济收入而带来的心理压力和竞争压力，除非你对自己跳槽后的去向有较大把握，否则不妨在跳之前，综合（不只是薪金本身）测算一下“跳”的成本，听听亲朋好友的意见，不要贸然辞职。正式跳槽前，一定要多问问自己：有没有必要跳槽？跳槽后会不会发展更好？跳槽千万不要意气用事，否则到头来只会越跳越糟。

类似曾先生、张先生这样，因为职业发展暂入低谷而放弃本职业的人很多。他们在换工作时未能明确自己的职业方向，导致换工作比较盲目，所以出现了比较尴尬的局面。在这些人中，有的碰巧会找到真正适合自己的行业和职位，而大部分则发现自己又陷入了另一个泥潭。所以，换工作并非救命稻草，盲目换工作非但不能带来发展，而可能是另一种职业滑坡。

其实，在一个人有限的职业生命中，能够专注于一个专业，朝着一个目标做精、做深是最好的选择，比频频换行、打一枪换一个地方更容易做出成绩。所以，当一个人已经确立了自己的职业发展方向之后，如果不是确信自己已经不能在这个行业有所发展，或者自己的个性与职业要求出现明显偏差，一般不要轻易换工作。

从职业生涯发展来说，换工作相当于改变职业定位和职业目标。有时候，换工作是给职业生涯带来生机的必要手段。但是，随意换工作往往容易带来危害和倒退，错误的换工作很可能带来长期的职业低迷，从而影响终身。每个人的职业发展都会有低谷，当职业发展出现低迷时，不要在冲动中选择换工作。

◆ 忠诚的员工更容易获得器重

没有领导愿意提拔一个不忠诚的下属，那等于是养虎为患。因此，公司招聘员工，一般要求德才兼备。其中“德”字第一条，就是要对公司绝对忠诚。

忠诚是职场的需要，更是社会的需要。比如，夫妻双方应该彼此忠诚；公司和员工也应该彼此忠诚。只有这样，家庭才能和顺，公司才能发达。

我们每个人，在任何时候都不能失去忠诚，因为它是我们的做人之本。

忠诚是一种美好的心态，它不是一门学问，而是一种行为。不同的时代里，人们对忠诚的需要从未减少。因为它会带给我们幸福，始终如一。

在企业或公司里，一个忠诚的员工，更能赢得领导的信任。

今天，企业和员工之间必须重视忠诚。因为无论从企业的角度，还是从员工的角度，忠诚都是必需的。忠诚度是构成企业良性发展的一个重要因素，一个企业的员工也只有忠诚敬业，才会有好的发展。

如果一个企业的员工缺乏忠诚、人心涣散，就像一盘散沙，没有凝聚力和向心力，很难想象这样的企业能够得到长期发展。忠诚是无价之宝。在这个世界上，并不缺乏有能力的人，只有那些既有能力又忠诚的人才是每一个企业需要的人才。他们的忠诚会让他们达到一般人想象不到的高度。

那些忠诚于领导、忠诚于企业的员工，都是努力工作、不找任何借口的员工。在本职工作之外，他们还积极地为公司献计献策，尽心尽力地做好每一件力所能及的事。而且，在危难时刻，这种忠诚会显现出它更大的价值。

忠诚于公司，从某种意义上讲，就是忠诚于自己的事业。

员工的忠诚可以增强集体的凝聚力，使公司更兴旺发达。因此，许多领导在用人时，既要考察其能力，更看重其个人品质，而个人品质最关键的就是忠诚度。

忠诚的人，无论走到哪里都有条条大路向他敞开。相反，一个人能力再强，如果缺乏忠诚，也往往会被人拒之门外。

当今社会，忠诚已经变得越来越稀缺了。许多公司花费了大量资源对员工进行培训，然而当他们积累了一定的工作经验后，往往一走了之，有些甚至不辞而别。那些留在公司的员工则整天抱怨公司和领导无法提供良好的工作环境，将所有责任全部归咎于领导。实际上，在管理机制良好的公司，跳槽现象也频繁发生，员工同样也不安分。

大多数情况下，跳槽的主要原因往往在于：员工对于自身目标以及现状缺乏正确的认识。他们过高估计了自身的实力，以及对那些向他们频频挥手的公司抱有过高的期望。

当这种风气蔓延到整个商业领域时，许多具有一定忠诚度的员工也受到传染而投入跳槽大军中，使整个职业环境不断恶化。

缺乏忠诚度，频繁地跳槽直接受到损害的是企业，但从更深层次的角度看，对员工的伤害更深。无论是个人资源的积累，还是所养成的“这山望着那山高”的习惯，都会使员工价值有所降低。这些人对自己的内心需求没有认真地进行反思、对自己奋斗的目标没有清晰的认识，自然无法选择自己的发展方向。

“此处不留爷，自有留爷处。”人们在跳槽时如此潇洒，但是真正面对工作时又是如此无奈。一个频繁转换工作的人，在经历了多次跳槽后，就会发现自己不知不觉中形成了一种习惯：工作中遇到困难想跳槽；人际关系紧张想跳槽；看见好工作（无非是多挣几个钱）想跳槽；有时甚至莫名其妙地就想跳槽，总觉得下一个工作才是最好的，似乎一切问题都可以用转移阵地来解决。

这种感觉使人常常产生跳槽的冲动，甚至完全不负责任地一走了之。

久而久之，自己不再勇于面对现实、积极主动克服困难了，而是在一些冠冕堂皇的理由下回避、退缩。这些理由无非是不符合自己的兴趣爱好啦、领导不重视啦、命运不济啦、怀才不遇啦、别人不理解啦等，幻想着跳到一个新的单位后所有问题都迎刃而解了。

但是，新公司、新工作还是有许多让他们感觉不满的地方，最让他们感觉失望的是，领导和上司并没有把他们当成重要的人才来对待。当在新公司遇到挫折后，跳槽的念头便又重新浮现出来。于是，这就形成了一种恶性循环。

现在，有些年轻人丧失了成就事业最宝贵的忠诚和敬业精神，变得心浮气躁，凡事浅尝辄止、遇难而退，空有远大理想、无心执着追求，这实在是一种悲哀。

◆ 切勿“身在曹营心在汉”

有这样一则故事：

一个小和尚去采药，他选了最高的一座山爬，因为师父对他说山越高，草药越好。

当他爬上第一个山头，正准备采药时，突然发现前面还有一座更高的山，于是他走到山下，又去爬那座更高的山。

当他爬到第二个山头时，又发现了同样的情景，于是他又去爬另一座更高的山。

就这样，他自己都忘记爬了几座山的时候，天已经快黑了，药篮里却还空空如也。可是还有一座更高的山正在远处……

在职场中，很多人就像故事里的小和尚，因为觉得自己所从事的职业不是理想中的职业，于是便“身在曹营心在汉”，对眼前的工作马马虎虎，一心想着跳槽。

他们这山望着那山高，只不过是心态在作怪罢了。而那山，却未必一定高。

无论出于何种原因，跳槽都是万不得已之时才可以做出的举动。然而，如今越来越多的年轻人把这个不应该轻易使用的方法，随随便便就拿出来用了。

当然，人最好是能拥有自己理想的职业，从事自己感兴趣的工作。但世事难预料，人们从事的职业往往并不理想。如果是这样，那你就一直不负责任地混下去吗？果真如此的话，你恐怕连眼下的工作也保不住，很快便会落入失业的大军。

最明智的做法是，调整你的心态，对这份不大喜欢的工作也要有敬业精神，因为这个工作对你、对社会都是有利的。

或许你是因为不了解这份工作的意义才不喜欢它的。当你真正投入了、了解了、熟悉了，也许你会爱上它的。如果你最终发现它不适合你，你就把它当作你新的职业或工作的预备课好了。预备课你也要认真读，哪能敷衍了事呢？

小王的理想是当一名播音员，但命运安排给她的却是当了一名公共汽车上的售票员。她怎么办？抱着理想破灭的失意对售票员工作应付了事，等待有朝一日跳槽转行吗？不，她没有这样做，而是踏踏实实地做售票工作。

她像个播音员一样，字正腔圆地报站名。她扶老携幼，热情为乘客服务。她以自己的敬业精神赢得了乘客的尊敬，她自己成为她们那个行业的标兵。有人问她，还想当播音员吗？小王自豪地说："我本来就是播音员——汽车上的播音员。"

"选择你所爱的，爱你所选择的"应是我们工作的原则。既然选择了一家公司，我们就应该为做好工作而努力，而不要计较太多。要知道，被员工们认为是最差劲的公司也有很多有利于员工成长的东西，而大家公认最好的公司或最成功的企业也有其不足之处。世界上没有完美的工作，只有不断追求完美的员工。

我们要脚踏实地、从现在做起、从身边做起，即使是自己不喜欢的工作，也要尽职尽责地去完成。如此才能对得起自己，对得起公司。

现在，请放弃"下一份工作会更好"的心态吧。不要一遭遇挫折，就认为自己怀才不遇，也不要轻易产生另谋高就的想法。事实上，很多老员工都知道，"常挪的树长不大"，跳槽并不是最好的解脱办法。

其实，很多问题需要沟通、需要协商解决，关键是员工必须主动。员工必须把自己的想法及时告诉给上司和领导，以免因沟通不畅而造成误解。

◆ 偷奸耍滑只会害了自己

人的一生中，最重要的是寻找一项终生的事业。它是指能给你带来快乐、发展、财富、成功的工作。可以使你全身心地投入其中，并且得到相应的回报。

事业是人生的基石。对于一个员工来说，忠于企业就是忠于自己的事业。而忠诚和敬业，具体来说就是重视自己的工作，把工作当成一件神圣的、意义非凡的任务来完成。

忠诚企业就是忠诚事业，而只有忠诚事业的人，才能取得事业上的辉煌与发展。

员工的忠诚和企业的信任是相辅相成的。投入的忠诚越多，收获的信任也越高。良性的循环会让我们的事业蒸蒸日上；而恶性循环只能导致我们被淘汰出局。

同时，这也说明了一个深刻的道理：保持一种忠诚和敬业的态度对待工作，首先受益的是自己，其次才是企业。偷奸耍滑的员工是企业的不幸，也是个人的致命弱点。很难想象，一个投机取巧、不热爱自己事业的人，会有什么杰出的成就。事实上，不管我们从事什么工作，都要全心全意、尽职尽责。因为只有这样，我们才能在竞争激烈的职场上站稳脚跟，并且在敬业的基础上求得不断进步。

要成为企业和领导信任的员工，你就必须尽量追求精确和完美。无论做什么工作，都要静下心来、脚踏实地地去做。无论从事什么职业，都应该精通它。

要知道，你把时间花在什么地方，你就会在那里看到成绩，只要你的努力是持之以恒的。这是非常简单却又实在的道理。

麦金来总统曾在一次演讲中说道："比其他事情更重要的是，你们需要尽职尽责地把一件事情做得尽可能完美，与其他有能力做这件事情的人相比，如果你能做得最好，那么，你永远不会失业。"

所有成功人士，只要能自己出来打天下，都具有这样的特点，那就是：很早就思考自己的未来，而且真心喜欢他目前的工作，愿意花力气、脑筋和行动，让每一天都成为自己的杰作。换句话说，他们忠诚于自己的事业！

一名员工想要发展自己，必然应该将个人命运与企业发展密切相连，恪尽职守、忠诚事业、无私奉献自己的聪明才智和辛勤汗水，自我价值才能最大限度地得以实现。

当我们将忠诚事业变成一种习惯时，就能从中学到更多的知识，积累更多的经验，就能从全身心投入工作的过程中找到快乐。这种习惯或许不会有立竿见影的效果，但可以肯定的是，当“对自己的事业不忠”成为一种习惯时，其结果可想而知。工作上投机取巧也许只给你的领导带来一点点的经济损失，但是却可以毁掉你的一生。

从现在开始，忠于自己的事业吧，这是一种真正的主人翁精神。

当你用这种心态去对待工作的时候，你会完全改变你的工作态度。你会时刻站在领导的角度思考问题，你的业绩会得到提高，你的价值会得到体现，企业会因为有你的努力而变得不一样，你也可以通过你的带动作用，改变你身边的人。如此，企业发展了，不仅对领导有利，对你同样有利。

忠于自己的事业，最重要的就是要在行动中体现。从我做起、从现在做起，把自己当成领导一样去思考公司的事情，想一想怎样才能发挥最大的能量做好自己的事业，要像关爱自己的家一样去关心公司的经营和发展。

◆ 和工作谈一场恋爱

不管你是推销员、教师、公司经理还是小职员，我们每个人都面临着这样一个严肃的事实：我们必须长期地、努力地工作。如果你所从事的工作你并不喜欢，那这份工作将成为你的负担，长期下去将使你心情压抑，工作没有积极性和主动性，甚至身心疲惫，失去了工作激情。其实，不仅仅只有你面对这样的问题，很多在工作上取得巨大成就的人也面对过同样的问题。但是，他们却有着自己的秘诀——和工作谈恋爱。很多人工作不开心，没有取得业绩，就是因为他们犯了一个错误——没有和他的工作谈恋爱。

有人对恋爱婚姻有这样一个说法：太太绝不会有错，如果太太有错，一定是我看错；如果我没有看错，一定是因为我的错，才害太太犯错；如果是太太自己的错，只要她不认错，那就是我的错；如果太太认错，即使她有错，那仍然是我的错。总之，太太绝不会有错。

在这里，把“太太”换成工作，这种说法一样成立：如果你对工作失去了激情，那么请注意，这绝不是工作的错，问题一定出在我们自己身上。

如果我们用对待恋人或太太的态度来对待我们的工作，我们一定能够把工作做到最好。不过，和工作谈恋爱不能只是一句口号，而是要落实在行动当中的。

阿梅供职于一家金融担保公司，在三年的工作中，凭着自己对工作的热爱和努力的付出，她晋升为本部门的主管。她总能认真倾听同事的想法，了解部下所关心的事情，并领导她的部门出色地完成每一项任务。凭借出色的业绩，她的部门赢得了好评，成为全公司公认的可以委以重任的团队。

与此相反，三楼有一个运营部门，人数众多，绩效却不理想，他们与阿梅的团队形成了鲜明的对比，因此成为大家批评的焦点。为了能让公司有一个全面的改观，领导决定提升阿梅为三楼的业务经理。

几个星期后，阿梅慎重而又很不情愿地接受了提升，虽然公司对她接手三楼寄予厚望，但她却是硬着头皮接受了这份工作。工作的开展自然十分艰难，但是，阿梅迅速调整心态，把对这份工作的厌恶转变成了热爱。同时，她的这种工作热情深深地影响了员工，在这种精神的支持和鼓舞下，阿梅所在的部门迅速改变，并最终成为公司的典范。

有句话说得好：“选择你所爱的，爱你所选择的”。作为一名员工，阿梅强迫自己爱上已选择和接受的工作，通过自己的努力，为公司做出巨大的贡献，也为自己的职业生涯写下了闪亮的一笔。

其实，任何人都有可能不得不做一些令人厌烦的工作。即使给你一个很好的工作环境，但如果总是一成不变的话，任何工作都会变得枯燥乏味。许多在大公司工作的员工，他们拥有渊博的知识、受过专业的训练、有一份令人羡慕的工作、拿一份不菲的薪水。但是，他们中的很多人对工作并不热爱，视工作如紧箍，仅仅是为了生存而不得不出来工作。他们精神紧张、未老先衰，工作对他们来说毫无乐趣可言。

爱一个人就要爱她的全部。同样，我们爱我们的工作，也要爱工作的全部。一件工作有趣与否，取决于你的看法。对于工作，我们可以做好，也可以做坏；可以高高兴兴和骄傲地做，也可以愁眉苦脸和厌恶地做。如何去做，这完全在于我们。所以，既然你在工作，何不让自己充满活力与热情呢？

每一个员工都应该学会热爱自己的工作，即使这份工作你不太喜欢，也要尽一切能力去转变，去热爱它。并凭借这种热爱去发掘内心蕴藏着的活力、热情和巨大的创造力。事实上，你对自己的工作越热爱、决心越大、工作效率就越高。

当你抱有这样的热情时，上班就不再是一件苦差事，工作就变成了一种乐趣，就会有许多人愿意聘请你来做你更热爱的事。如果你对工作充满了热爱，你就会从中获得巨大的快乐。

设想你每天工作的八小时，感觉就像和你的恋人在一起，那种滋味，该是一件多么惬意的事情！所以，我们应该以谈恋爱的心情面对工作，不仅要选择自己的所爱，忠于自己的选择，还要在漫漫情路上细心经营，这样的爱情才可长可久。用这样的态度面对工作，才可能在工作中有所收获。

◆ 敬业是无比神圣的事

何谓敬业？就是把工作当成自己的事业，即具备必要的使命感和道德感，它所表现出来的就是认真负责——认真做事、一丝不苟、并且有始有终！

有些人总以为，公司的事情让领导去操心好了，一个小小的员工管那么多干吗，完全是没事找事！而且，你用了心费了力，领导也不一定知道。

但是，一个富有敬业精神的员工就不会这么想。

他们把工作看得无比神圣，并且视为自己一生的挚爱。为此，他们会不断地改进和提高自己的工作质量。这样的员工是公司的支柱，他们的行为总会引起领导的重视。实际上，敬业不仅会给公司带来好处，对个人也是受益无穷！

敬业的人能从工作中学到比别人更多的经验，而这些经验便是你向上发展的踏脚石。就算你以后换了地方、从事不同的行业，你的敬业精神也必会为你带来帮助。因此，把敬业变成习惯的人，从事任何行业都容易成功。

人才是企业最大的资源，但只有懂得敬业的员工才是最有效的资源，才是企业发展的最大动力。作为一名称职的员工，我们应该把敬业的激情注入自己的日常工作中去。

“不敬业就失业”这句话对于职场中人来说是一个非常重要的警示！一个人在追求成功的过程中，不可避免地遇到这样或那样的困难，要战胜困难，就要有敬业精神。敬业精神是强者成功的重要因素，更是由弱者到强者应该具备的职业品性。如果你在工作上敬业，并且把敬业变成一种习惯，你会一辈子从中受益。

当今社会，竞争越发激烈，毫不夸张地说，一个公司的生死存亡，就取决于其员工的敬业程度。因为只有员工具备了高度的敬业精神，企业才能拥有强大的竞争力。

但在职场中，总有些员工在工作中偷懒、不负责任，这样的员工，头脑里根本没有对敬业的理解，更不会把敬业看作是一种神圣的使命。这种投机取巧的工作态度，最直接损害的虽然是企业的利益，但从长远来看，它对个人的危害更大。

当敬业意识深植于我们脑海里，那么做起事来就会积极主动，并从中体会到快乐，从而获得更多的经验和取得更大的成就。当然，要取得最终的成功需要长期的努力，不会迅速见效。但如果不具备敬业精神，那也就不会有成功的可能了。工作上的马虎失职，也许对公司并不会造成严重的影响，但长此以往，也就葬送了你的前程。

◆ 糊弄工作，就是糊弄自己

在职场中，有一种很普遍的现象。每天走进办公室，很多人想的不是如何更好地完成工作，而是处心积虑地去糊弄工作，能少干一分，决不多干一分。

“给多少钱，就干多少事”是这类人的共同心态。他们自以为很聪明，马马虎虎应付完每一天的工作，常常暗自窃喜。殊不知，一个人糊弄工作，就是在糊弄自己。

身在职场，只有对工作认真负责才是真正的聪明。你只有怀着高度的责任感，每天出色地完成工作，你才有可能很快获得提升。反之，如果你对公司的兴亡完全不放在心上，对工作只是敷衍了事，那么你也将成为公司首先考虑的辞退对象。

每个领导都不容易糊弄，他们是不会容忍那些只知拿薪水，却对工作不负责任的员工的。更何况企业与企业之间，公司与公司之间竞争越来越激烈，只要员工在工作中有一丁点儿不负责任，都有可能导致整个企业蒙受巨大损失。

一家服装厂的采购员为单位定购一批羊皮，她在合同中写道："每张大于 4 平方尺、有疤痕的不要。"注意，其中的顿号本应是句号。结果供货商钻了空子，发来的羊皮都是小于 4 平方尺的，这使服装厂哑巴吃黄连，有苦说不出，损失惨重。

旧金山一名商人给一个萨克拉门托的商人发电报报价："一万吨大麦，每吨 400 美元。价格高不高？买不买？"而萨克拉托门的那个商人原意是要说"不。太高"，可是电报里却漏了一个句号，就成了"不太高"。结果，这一下就使他损失了上千美元。

"粗心、懒散、草率"等这样一些字眼，正是工作不负责的具体表现。许多这样的人，比如职员、出纳、编辑、工程技术员甚至大学教授等，就是因为工作粗心马虎而丢掉了工作。有时候一件毫不起眼的小事，会决定你的命运走向。

有一名编辑，在县报干了十年，他仍然是个编辑。后来报社精减人员，他以失败者的身份应聘到省城的一家媒体工作，只三年，他便成了编辑部主任。

有不同的版本解释他的"发迹"，其中有一种最可信。在县报，编辑如果出了差错，错一个字扣 3 元，事实性差错扣 5 元，即使把领导职务排错，最多只扣50元。

但在省报错一个字扣50元，事实性差错扣300元，如果出现领导职务排错，那么就不是用钱可以惩罚的了。

在省报担任编辑的两年，他被扣了2000多元，都是些小差错。有一次，他在排一则通稿的时候，不知是“粘贴”时出错，还是排版出错，一则十分重要的新闻中少了—个领导人的名字。报纸第二天发行后，政府部门就把电话打到了老总那儿。

老总立刻把他召到报社，然后是一阵臭骂。接着，政府宣传部门对他本人出示了警告通知。在巨大的压力下，他没有倒下。在此后的新闻编辑过程中，他再也没有出现差错了。

据他本人说，只要在新闻中一遭遇名字，他的双手就要冒汗。很显然，他从那次警告中明白了责任的重量。否则，他可能仍然继续着那些不大不小的错误。

作为一名员工，自己应该做的事情一定要保质保量完成。不要以为自己不做会有人来做；也不要以为自己丁点儿不负责不会有人发现，或对企业不会有什么影响；也不要只注意数量而不在意质量，潦潦草草地完成任务。

或许你会说：“这不是我的职责范畴，我瞎操什么心呀！”如果总是抱着这样的想法，不管你的工作条件多么好，你想成功的愿望都是非常渺茫的。而且你的这种不负责的态度，随时有可能给单位造成不可估量的损失。

有一句话想必大家早已耳熟能详：“今天工作不努力，明天努力找工作。”其实我们也可以这样说：“今天你糊弄工作，明天工作也会糊弄你！”如果今天你对工作完全不负责任，处理事情错漏百出，那么明天你很可能成为公司的裁员对象。

有人说得好“责任保证一切”。的确如此。责任保证了信誉、保证了服务、保证了敬业、保证了创造……正是这一切，也保证了企业的竞争力。无论你在单位从事何种工作，你一定要认认真真、一丝不苟地对待工作。因为，这是你的责任。

◆ “混一族”的悲哀

我们每个人都肩负着各种责任，要对工作、家庭、亲人和朋友负责，这些责任不能逃避，也不容许逃避。然而在职场中，常有这样一些人，他们不受约束，从不严格要求自己，更不会认真履行自己的职责。用他们的话说，他们工作，只为混玩饭吃。

于是，这样的人被称为“混一族”。

他们抱着当一天和尚撞一天钟的态度对待工作，全无责任感可言。当工作中出现严重问题时，他们也只会以“这不是我的责任”来推脱。

殊不知，这种心态已经陷入了对自己危害极大的误区。

面对一切岗位制度和公司纪律，这些人在内心深处嗤之以鼻；对一切组织和机构中的岗位制度都持有抵触情绪和怀疑态度。他们在工作和生活中，总是一副玩世不恭的样子。对公司和自己的工作，也时时报以嘲讽的态度，稍有不顺就频繁跳槽。

有这种心态的人进入一家公司，如果没有外在的监督，根本无法正常工作。他们对自己的工作推诿塞责、故步自封，任何工作到了他们手里都会是一团糟。

在这种心态下，又何谈谋求自我发展、实现自己的人生梦想呢？

很多人哀叹世道不公，别人风光无限，而自己却如此平凡。其实，生活总是会给每个人以回报的，无论是荣誉还是财富。但前提条件是：你必须改变自己的思想和认知，努力培养自己认真负责的工作精神。一个人只有具备了高度的责任感之后，才会产生改变一切的力量。

1920 年，有个 11 岁的美国男孩在踢足球时，不小心打碎了邻居家的玻璃。邻居向他索赔 12.5 美元，这在当时可是一笔不小的数目，足足可以买 125 只生蛋的母鸡！闯了大祸的男孩向父亲承认了错误，父亲让他对自己的过失负责。

男孩为难地说："我哪有那么多钱赔人家？"父亲拿出 12.5 美元说："这钱可以借给你，但一年后要还我。"从此，男孩开始了艰难的打工生活。经过半年的努力，终于挣够了 12.5 美元这一"巨额财富"，还给了父亲。

这个男孩就是日后成为美国总统的罗纳德•里根。他在回忆这件事时说，"通过自己的劳动来承担过失，使我懂得了什么叫责任"。

人都有趋利避害的本性。因此，当他犯了错误做了错事时，只要认为别人还不知道，都会尽可能地找借口来逃避责任，找客观原因来为自己开脱。即使在被人追究起责任时，他们依然认为问题的原因不在于他们。

在逃避责任的话里，最常听到的是"都是某某某的错，才让我……"；当上班迟到了，会说"都是家人的错，没有早点叫我起床"；当业绩不好时，会说"都是主管的错，没有把我派到一个能够创造业绩的地方"……很多时候，他们认为是领导没有给予自己足够的重视，而从来不去想一想自己是否值得被重视。

那些一旦出现问题，第一反应就是逃避责任的人，根本就缺乏做人应有的诚实和勇气，这样的人能有多大的出息呢？因为缺乏责任感，他们首先失去的将是社会的基本认可，其次就是别人的信任和尊重，最终更会失去自己的立身之本——信誉和尊严。

但真正优秀的人却勇于承担责任，不是他们不知道趋利避害，只不过一般人避的是眼前的害，而他们避的则是长远的、更大的害。

我们很有必要反省一下自己，看我们平日是不是也经常会用“都是因为没有人提醒我……”“只能怪……没有预先……”“因为同事没有协助好我的工作，才……”“上司没有大力支持我，令我……”这类话来推卸本来是属于自己的责任呢？

如果有，请尽快改正并承担起自己应担的那份责任，勇敢道歉，并接受处罚。事实上，只有那些能够勇于承担责任的人，才有可能被赋予更多的使命，才有资格获得更大的荣誉，成为一名真正优秀的员工。

◆ 干一行就要爱一行

高度责任感的具体表现，就是在工作中敬业、认真、不糊弄。低层次来讲，敬业就是“拿人钱财，与人消灾”，也就是说，敬业是为了对领导有个交代。如果我们上升一个高度来讲，那就是把工作当成自己的事业，要具备一定的使命感和道德感。

好员工可以没有一流的能力，但是一定要有一流的敬业精神。敬业，是一个职业人应具备的职业道德。如果一个员工在工作上敬业，并且把敬业变成习惯，他会一辈子从中受益。

敬业的员工，不仅仅是为了对领导有个交代，更多的是对自己负责。正像我们前文所说，认真工作，最大的受益人是自己；而糊弄工作，最大的受害者也是自己。

在职场中，我们时常看到有些员工，在工作中偷懒、不负责任，头脑里根本就没有敬业意识，更不会把敬业看作是一种神圣的使命。他们认为：自己做事都是为了领导，为领导挣钱。反正是为人家干活，做一天和尚撞一天的钟，能混就混，公司亏了也不用我去承担。

这种不具备敬业精神的员工，很难有成功的那一天。而那些敬业的员工，在工作上所表现出来的是认真做事，一丝不苟，并且有始有终。其敬业意识深植在他的脑海里，做起事来积极主动，并能从中体会到快乐，从而获得更多的经验和取得更大的成就。

小刘大学毕业后分配到一个研究所工作，研究所里有许多人是博士学位。然而，这些人都不太敬业，对本职工作不认真，不是玩乐，就是搞兼职，得过且过地在研究所里混日子。

小刘并没有以他们为榜样，而是扎扎实实地工作，苦干业务。由于努力，一年后就成了所里的“顶梁柱”。第二年，又提拔为副所长。老所长年事已高，所长的位置在等着小刘。

任何一家公司都必须设法留住那些敬业的员工，除非它想自取灭亡。反之，那些不敬业的员工，工作毫无业绩可言，当然也不到提拔和重用。

一个员工，只要手头上有工作，就要以虔诚的心态对待它。即使你自命不凡，心中梦想的是更加美好的职业，但是对手中的职业，一定要以欢快和乐意的态度接受，以虔诚和认真的姿态完成。须知，干好手头的工作，才有完美的结果。所以，不仅要“爱一行，干一行”，还要“干一行，爱一行”。

认认真真地完成每一项工作，无怨无悔地做好每一件小事，需要的不仅仅是责任感，更重要的是敬业。负责感是敬业的前提，敬业是负责感的升华。

我们面临的是越来越激烈的竞争环境，一个人的敬业精神如何，在很大程度上决定着其能否在这种竞争中生存。不同的企业在选择员工时，都会有一些不同的要求，但唯独在一点上是一致的，就是希望自己的员工是一个有敬业精神的人。

一个敬业的员工，站在一群不敬业的人中间，自然鹤立鸡群，自然会得到关注，受到领导的重用并得到提拔。不管你是从事什么职业，唯有敬业，才能在自己的领域里出类拔萃，才能实现自己的人生价值。

所以说，敬业是一种心态，这种心态可以影响你的一生！

敬业的人能从工作中学到比别人更多的经验，而这些经验便是你向上发展的踏脚石。就算你以后换了地方、从事不同的行业，你的敬业精神也必会为你带来帮助。因此，把敬业变成习惯的人，从事任何行业都容易成功。

第四章 面对同事不抱怨，团队精神是关键

与人合作也是晋升的必要条件，因为一个人的精力有限，只有与同事相互配合，你才能做出更大的成绩。你的职位越高，也就意味着你要与更多的人打交道，与更多的人进行合作。反之，一个没有合作精神的人，就算能力一流，也无法承担更大的责任。

◆ 把散沙变成有用之才

一个人要想成大事，必须学会合作，一方面可以弥补自己的不足，另一方面可以形成一股合力。当丘吉尔爵士临危受命，率领大不列颠投入战争时，他说："我一生都在为这一时刻做准备"。从同样意义上讲，培养所有其他能力就是为了使我们具备协同配合的能力。

个人势单力孤，团结才有力量。只有与人合作，才能众志成城，战胜一切困难，产生巨大的前进动力，所以说合作是生存的保障实不为过。

一盘散沙，尽管它金黄发亮，也仍然没有太大的作用。但是如果建筑员工把它掺在水泥中，就能成为建造高楼大厦的水泥板和水泥墩柱；如果化工厂的员工把它烧结冷却，它就变成晶莹透明的玻璃。单个人犹如沙粒，只有与人合作，才会起到意想不到的变化，成为不可思议的有用之材。

毫不夸张地说，合作已成为人类生存的手段。一个人只有学会与人合作，掌握这种能力，才能让自己的事业不断向前。

当然，与人合作并不等于一味地迁就别人。古人说"君子和而不同"，合作讲究的是求同存异、共同奋斗，使双方产生合力，适应工作的推进与发展。

工作中个人与团队的关系，是一种饶有趣味的话题。如同爱和友情一样，人与人的合作也是一种你必须付出才能得到东西。在我们走向成功的征途上，会有许多的同伴。你需要他们的合作，他们也需要你的帮助。

关于这一点，天空中飞翔的雁阵可以给我们人类以有益的启示。

秋天，当雁阵排成人字阵或一字斜阵飞过蓝天白云时，不知你是否想到这样一个问题：大雁为什么要整齐地列阵远翔呢？莫非，它们要向大自然展示自己的飞行艺术。

大雁当然不是在表演它们的飞行技巧，它们之所以采用这种飞行方式，是在长期适应中所形成的最省力的群体飞翔形式。当雁群以上述形式飞行时，后一只大雁的一翼，能够借助于前一只大雁鼓翼时所产生的空气动力，使自己的飞行省力。当飞行一段时间、一段距离后，大雁们左右交换位置，是为了使另一侧羽翼也能借助空气动力以减缓疲劳。

由于大雁既具有惊人的个体飞翔能力，又富有令人叹服的团队精神，因而，它们的两翼似乎有了灵性，使它们能够以轻松自如的风姿在空中飞翔。

而我们，正需要向大雁学习这种团队精神。

你可能已经注意到，大凡胸怀大志并取得成功的人多善于从自己的同伴那里汲取智慧和力量，从同行那里获得无穷的前进动力。这里，我们姑且不说马克思恩格斯、居里夫妇以及贝尔兄弟式的合作，而是指更广泛意义上的智能互补和人才合作。

大雁阵形的位置移动，还会给我们人类以另一层深刻的启迪。当今，人们为了获得成功，单靠单枪匹马的奋斗已很难奏效，往往需要人才的兵团作战。

因而，一个人要想成大事，必须学会合作，一方面可以弥补自己的不足，另一方面可以形成一股合力。你要想成为21世纪的高级人才、未来的成功者，就一定要有与人合作的好习惯，这是时代的要求，更是欲成大事者的必备素质。

◆ 合作即天堂，斗争是地狱

在职场上，靠个人单打独斗是要不得的。你必须发挥团队协作的精神，与周围的同事搞好关系，如此才能在工作上配合默契，从而使自己的个人价值得到最大限度发挥。

然而，很多人却恰恰缺少这种团结协作的心态，他们在工作上显得异常孤僻、遇事一意孤行，从来不注意和同事的配合。一个优秀员工绝不是我行我素、好出风头的“独行侠”，而是一个充满合作激情，能够克制自我、与同事共创辉煌的人。因为他明白离开了团队，他将一事无成，而有了团队合作，他可以与别人一起创造奇迹。

成功地生存，仅靠自己的力量是不够的，任何人的力量都是有限的，但当他依靠着一个团体时，他的力量会变得异常巨大。

曾看过这样一个故事：

有人和上帝谈论天堂与地狱的问题。上帝对这个人说：“来吧，我让你看看什么是地狱。”他们走进一个一群人围着一大锅肉汤的房间。每个人看来都营养不良、绝望又饥饿。每个人都拿着一只可以够到锅的汤匙，但汤匙的柄比他们的手臂长，没法把东西送进嘴里。他们看起来非常悲苦。

“来吧！我再让你看看什么是天堂。”上帝说。他们进入另一个房间，它和第一个没什么不同：一锅汤、一群人、一样的长柄汤匙。但每个人都很快乐，吃得很愉快。因为他们互相用自己的汤匙舀肉去喂对方。

原来，天堂和地狱并不遥远，它就在我们身边：团结协作就是天堂，彼此争斗就是地狱。

随着现代社会分工的日益精细，要想获取成功，相互协作更显得尤为重要。

松下幸之助说：“松下不能缺少的精神就是协作，协作使松下成为一个有战斗力的团队。”

卡耐基说：“放弃协作，就等于自动向竞争对手认输。”

朗讯 CEO 鲁索说：“协作对于今天的企业而言，就是生命。没有协作精神的员工会对企业极不负责任。”

协作才能发展，协作才能胜利，这是今天很多企业领导者的共识。

缺乏协作精神的企业不可能获得前进，这就像几匹马拉一辆车行驶一样，当所有的马朝着一个方向，步调协调地奔跑时，这辆车才能有速度。如果几匹马朝着不同的方向奔跑，这辆车根本就不会前进，还会导致马倒车翻。

◆ 三个和尚带来的难题

在当今社会，“独行侠”消亡了，没有人再可以单枪匹马取得成功。以要想战胜困难、取得成功，一定要借助团队的力量。资源需要组织起来才能变成财富，人也只有组织起来形成社会。人们在这个社会里相互合作，才使社会得以生存和发展。

所谓团队，是指一些才能互补、团结和谐并为共同目标而奋斗的一群人。团队不仅强调个人的工作成果，更强调团队的整体业绩。它通过成员的共同贡献，能够得到实实在在的集体成果。这个集体成果超过成员个人业绩的总和，即团队大于各部分之和。

有这样一个故事。三个和尚在一所破寺院里相遇，他们都在思考一个问题：“这所寺院为什么荒废了？”

和尚甲说："必是和尚不虔，所以菩萨不灵。"

和尚乙说："必是和尚不勤，所以庙产不修。"

和尚丙说："必是和尚不敬，所以香客不多。"

三人争执不休，最后决定留下来各尽其能，看看谁能最后获得成功。

于是，和尚甲礼佛念经，和尚乙整理庙务，和尚丙化缘讲经。果然香火渐盛，寺院恢复了往日的壮观。于是三个人又开始讨论：

和尚甲说："都因为我礼佛念经，所以菩萨显灵。"

和尚乙说："都因为我勤加管理，所以寺务周全。"

和尚丙说："都因为我劝世奔走，所以香客众多。"

三人争执不休，寺院里的盛况又逐渐消失了。就在各奔前程的那一天，他们终于得出一致的结论：这里寺院的荒废，既非和尚不虔，也不是和尚不勤，更非和尚不敬，而是和尚不睦。只有互相协作才能获得满意结果，彼此各自为政终似一盘散沙，不会成就任何事业。

这个故事给我们启示是：团队中"人和"才能"万事兴"。团队的成功，绝不是一个人的功劳，它包含了所有成员的心血。

是否拥有合作良好的团队，关系到公司的成败。而是否养成良好的合作习惯，对每一个人的个人职业前途也是至关重要的。现代公司崇尚公司文化和团队意识。一个不认可公司文化，与团队格格不入的人，即使他很能干，也不可能得到重用。在这种情况下，他要么改变自己、融入团队，要么选择离开。

今天，任何一个公司都不可能由一个人去完成所有的事情，员工与员工之间必须紧密配合、团结一致，才能取得成功。因此，如果在工作中只看到自己的利益，而忽视团队的利益、没有团队精神的话，这样的员工是无法在现代公司里立足的。

如果只强调个人的力量，即使一个人表现得再完美，也很难创造很高的价值。所以说“没有完美的个人，只有完美的团队”。这一观点被越来越多的人所认可。

只有团队的每一位成员紧密合作，我们才能获得最大的成功。

◆ 协作精神＝资源共享＋信息共享

在一个团队中，协作对于员工来讲也是一种责任。因为协作才能产生巨大的战斗力，使自己的团队在激烈竞争中获胜。当员工只是想自己怎么做才能做好，才能负起责任的时候，不妨环顾一下左右，看看是不是可以得到别人的帮助或者可以去帮助别人。事实上，找一个协作的伙伴，你们会把任务完成得更好。否则，事情便难以圆满。

阿南明天就要参加小学毕业典礼了，典礼上要照毕业照。为此，阿南的妈妈特意为他买了一套新衣服，他试穿的时候，发现裤腿长了两寸。吃晚饭的时候，趁奶奶、妈妈和嫂子都在场，阿南把裤子长了两寸的事情说了出来。

没想到，第二天早上起来，阿南发现裤子居然又短了四寸。原来，奶奶、妈妈和嫂子分别帮他剪了两寸，因为互相没有沟通，才出现这样的结果。

由此联想到一个团队，只有沟通理解才是合作的基础。

对于企业内部的员工而言，协作造就团结，这也是双赢，是员工之间的双赢。这种双赢战略能够增强企业的核心竞争力。团队成员之间彼此负责任，才能彼此忠诚于对方。

今天的企业比起以往任何时候都更需要协作精神，资源共享、信息共享才能够创造出高质量的产品、高质量的服务。特别是团队成员之间，每一个成员都具有自己独特的一面，取长补短、互相合作所产生的合力要大于两个成员之间的力量总和，这就是“1+1>2”的道理。一个重视合作精神的企业才有可能在激烈的市场竞争中保持胜利的纪录。对于今天的企业而言，员工之间的协作与否，直接关系到企业的生存和发展。

我们是在和我们的同事、我们的客户在一起。这样长的时间，远远超过了我们和家人在一起的时间。从这个角度上来说，我们从同事、从团队中获得的东西应该不比我们从家人那里获得的少。

从现实的角度来讲，一个团队不仅给予了我们发挥才能的机会，同时也给予了我们创造成功的可能。我们在一个团队中更容易达成我们的理想，因为团队能够为我们提供很多我们个人所不能提供的条件。

在我们看来，一个团队所能给予一个人的更多的在于精神方面。一个积极向上的团队能够鼓舞每一个人的信心；一个充满斗志的团队能够激发每一个人的热情；一个时时为新的团队，能够为每一个人创造力的延展提供足够的空间；一个协调一致、和睦融洽的团队能够给每一个人的心灵一份回家的温暖。同事之间的彼此鼓励，曾经给我们带来多大的动力；同事之间的热心关怀，曾经让我们感到多么的温暖；同事之间的同甘苦、咬紧牙关，曾经让我们为自己的毅力和坚强大声地喝彩。

一个团队不只是我们75%的生命所生存的地带，不只是一个培植我们的理想，精心浇灌，等待它开花结果的试验田，它更应该是一个我们心灵的家园。那里不但有我们的理想，不但有我们的努力，也有我们和志同道合者不变的友谊，也有我们与团队共荣辱、共存亡的心。

团队的分工更多的是对各个成员性格、才智、能力进行对比后产生的结果。你可能在这方面存在优势，但是有可能他在这方面的优势比你还要明显，而这个位置又只需要一个人。这个时候，团队选择了他，而把你放到其他的位置。而决定把你放在这个位置，也一定是因为你在这一方面存在一定的优势，存在着优于其他人的优势。

所以，一个团队内部的分工，是各个员工能力和才干的体现，但绝对不是比较各个员工能力高低的标准。对于这种分工，我们所采取的端正态度，应该是接受，并且全身心地投入到工作中去，把我们分内的事情做好。既然把我们安排到这样的岗位上，我们就有义务把这个岗位上所有的事情打理好。

对整个团队负责，对团队指派给我们的工作负责，其实就是对我们自身负责。因为我们的利益是和团队密切相关的。就好像一个水域的环境和条件，直接决定着生存在这一水域中的鱼类的生存一样的，只有把所在水域的环境保持得尽可能的好，鱼类的生存才能够更加有保障。所以，对团队负责，就是对自己负责。

◆ 宽容才能胜利

为人处世，有容乃大，与人合作，更是如此。周瑜跟诸葛亮合作不下去，最后被对方活活气死，就是因为没有容人之量。武林高手不会轻易挥动老拳，军中名帅不会一怒出师。能容人者，别人也会给他面子，自然能赢得胜利。

广厦集团总经理楼忠福，是一名杰出企业家，个人财富已达1.1亿美元。他就很有容人之量，总是以宽广的胸怀来处理与合作人之间的关系。

蒋优良，原来是卢宅建筑队的经理，懂技术，也能管理，在当地算得上是一个人物。后来卢宅建筑队调整产业结构，经镇工办发文，并入了楼忠福的三建集团。

开始双方倒还顺利，但一年之后矛盾来了。

卢宅建筑队与三建公司合并后，各方面的管理按楼忠福的方法变得严格化、制度化了。原来卢宅建筑队一些混饭吃的人没法在蒋优良那里滥竽充数。于是，闲话也就出来了，蒋优良也为此心烦。

楼忠福早已心中有数，他深知蒋优良不善于在人际问题上周旋，对于他这种懂技术、又曾经独立率领过建筑队伍的人，最好是让他直接抓工作，楼忠福想让他到宁波分公司去干。

不料蒋优良却拒绝了楼忠福的提议，并提出年后辞职。

过春节的时候，楼忠福要了一辆车，叫上镇长、书记、副镇长、副书记，一起去蒋优良家所在的蒋桥头村。这一次会面，楼忠福热情地挽留蒋优良留在公司一起干，并说明了让他去宁波具体负责的意思，镇里几位上司也在一旁帮着敲边鼓，唤起了蒋优良爽直痛快的秉性，他痛快地说："我去！"

可是临到要走的时候，蒋优良突然又找到楼忠福说他决定不去了。接着，蒋优良离开三建，去了另一家乡办建筑公司。由于经营不善，公司严重亏损，无法再经营下去。蒋优良只好另谋出路，想来想去还是想回到三建来。

在蒋优良回来时，楼忠福迎上去。蒋优良说："我……回来了。"楼忠福仍旧用他那双温暖的手，紧紧握住对方，说："回来了好，回来了好！"

蒋优良现在是广厦集团吴宁建筑公司副经理，是楼忠福的得力助手，由于他工作很出效益，成了广厦集团的顶梁柱。

要想把事业作大，就得学会与人合作，而要想合作得成功，则需要宽宏的气量。武林高手不会轻易出拳，军中名帅不会一怒出师。能容人者，方能成功。

宽广的胸怀是每一个追求事业成功的人都应该具备的一种品质。只有这样，你才能笼络各方英才，才能与更多优秀的人或公司合作，成就自己的一番事业。

◆ 要与公司站在一条船上

一个既忠诚又有能力的员工，不管走到哪里都会受到领导的欢迎，都能找到自己的位置；而那些三心二意，只想着个人得失的员工，就算他能力很强，领导也不会委以重任的。

任何企业都会要求员工尽最大努力地投入工作，创造效益。这不仅是一种行为准则，更是每个员工应具备的职业道德。可以说，拥有了职责和理想，我们的生命就会充满色彩和光芒。以身作则，以自己的行为为他人做出榜样的员工，会把忠诚于公司的利益，自觉维护公司形象作为他们职业生涯终生的信条。

任何一位领导都喜欢这样的员工，同样只有这样的员工才能获得领导的信任。如果员工不忠诚，领导就会有如坐针毡的感觉，一些重大的事情就不敢交给这样的员工去做，员工又怎能获得加薪与晋升的机会呢？

当公司面临危机的时候，也正是检测员工忠诚度的时候。遇到这种情况，忠诚的员工总是选择与公司同舟共济、荣辱与共。

小余是一位长相平平、学历不高的女孩，在一家进出口贸易公司做电脑打字员。有一年，公司现金周转困难，员工工资开始告急，人们纷纷跳槽。在这危急的时刻，小余没有走，而是劝说消沉的领导振作起来。在小余的努力下，公司谈成了一笔很大的服装业务，小余为公司拿到1000万元的订单，公司终于有了起色。

后来，公司改成股份制，领导当了董事长，小余则成了新公司第一任总经理。有人问小余如何取得了这样的成就，小余说："要说我个人如何取得了这样的成就只有两点：那就是一要用心，二没私心。"

不知小余的话对你有什么启发？现在很多人一面在为公司工作，一面在打着个人的小算盘，这样的人怎么能为公司的发展做出贡献呢？公司没有发展，个人又怎能成功呢？

自觉维护公司的形象，是忠诚于公司利益的最直接的表现，我们知道一旦加入了某个公司，我们的命运就与它紧密地联系在了一起，公司的兴衰荣辱也就是个人的兴衰荣辱。一个成熟的职场人士，必须具备集体荣誉感。在日常工作、生活中自觉维护集体的声誉，体现在细微之处，这样的自觉就是忠诚度的具体体现。

无论怎样，我们只有忠诚于公司的利益，自觉维护公司的形象，才能取得职场的成功。下面这个故事，能给我们一个很好的启示。

朋朋是一家大饭店的服务生，常因工作努力被评为最佳店员。这天，一位正在饭店进餐的顾客突然倒地、口吐白沫、四肢无力。众人见状大惊失色，纷纷指责饭菜中有毒。

在这关键时刻，朋朋镇定自若，先打了急救电话后又竭力安抚顾客，并向其他顾客保证饭菜里面不会有毒，但是绝大多数人还是不相信他说的话。

这时，他不顾其他服务生的劝阻当场吃下很多饭菜。为防止谣言扩散，他还请求大家等医生来评判。这样，顾客们的情绪才逐渐平静下来。不一会儿，急救车停在饭店门口。经验丰富的医生立刻断定，所谓的“中毒”者实则是“癫痫病”发作。朋朋的勇敢和机智避免了一场虚惊，受到领导的高度赞扬，不久被提升为领班。

从朋朋的身上，我们可以看出忠诚的魅力，它是一个员工的优势和财富，它能换取领导的信任与坦诚。如果你有了忠诚的美德，总有一天，你会发现它会成为你巨大的财富；相反，如果你失去了忠诚，那你就失去了做人的原则，失去了成功的机会。

另外，在公司出现重大变故时，要保持镇静，在遇到有损公司声誉的行为时要挺身而出、力挽狂澜。只有每个员工都忠诚于公司的利益，公司才会发达。如果你想在事业上获得更大的发展，首先要自觉地维护公司的形象，全心全意地投入到工作当中。

◆ 别因个人利益损害团队利益

公司的利益是需要每一个员工来维护的。因此，我们在做事的时候，一定要先考虑整体利益，然后根据目的来选择适当的方法、手段来完成。

反之，如果一个企业的员工总是斤斤计较于个人得失，那公司必然难以维持长久。同样的，如果一个人在工作中只看到自己的利益，忽视集体的利益、没有团队精神，这样的员工也无法在现代企业里立足。

陈先生是一名工程师，在北京一家建筑公司任职。

有一次，陈工出差到武汉，回来时全公司都惊着了：看见他一身全湿，胸口都是污渍，手提电脑湿嗒嗒地滴下水来。陈工遭到领导狠狠的表扬，“武汉发大水，陈工逃难还奋不顾身，把公司的手提电脑给抢出来，电脑都泡水了……”

不几日，一次酒桌上，有人闲聊提起武汉大水。陈工也喝高了些，哈哈一笑，道出了真情：那一日，武汉 5 月大雨，滂沱如蛟龙出海。从办事处出来，已是云散雨收，积水却久久不退。陈工卷高裤腿，一手举鞋，一手托手提电脑，在浑水里，走钢丝般小心翼翼跋涉。突然间，他脚底被什么一绊，整个人顿失平衡，迅速栽倒……

那时，他离地面只有 100 厘米，而在间不容发的 0.01 秒钟内，他得决定，用哪只手下去撑地支持重量。是鞋，还是电脑？

陈工说：“我一闪念都不带犹豫的……”他以一种董存瑞炸碉堡的大义凛然姿势，一只手将鞋高高举过头顶，另一只手将手提电脑撑下去，撑入深浊的污水里。

满桌人沉寂了一秒钟，有人问：“您那鞋……”陈工脚一伸：“就这双。”

这是一双方口黑皮鞋，半旧，鞋面有折痕，鞋底修过，没有特征也没有名贵的暗示。朋友端详半天：“也得……两三百吧？”

陈工咬一口鱼香肉丝摇头，“哪里，78 块。”众人晕倒。

隔花人远天涯近，因为隔花之人不是我的；那么，当 13000 元的手提电脑轻于 78 元的皮鞋，你同样要明白，电脑不是我的，鞋是。

这个故事结尾是：7月公司改组，陈工第一个被辞退——领导，也未必总那么瞎眼。

我们不要求每个人都大公无私，但基本的职业道德还是要需要的。损公肥私固然可鄙，那些为了个人一点小利、全然不顾公司大利的行为同样要屏弃。

◆ 与团队成员协调一致

无论你是谁，也无论你多伟大，要想做出一番事业，必须组建或者加入一个团队。无论是创业也好，参加工作也好，没有团队的成功，就没有个人的成功。

有个女孩子，很优秀，大学毕业后进了一家外资企业。

年轻人嘛，都喜欢表现自己，可这小姑娘也有点太夸张了。她一干完手中的活，就大喊大叫："我没事做啦！"以此来炫耀自己的工作效率——整个一神经质。

这时，女孩的经理，一位白领丽人出现了。

女经理把女孩拎到一个角落，一板一眼地教给她："你傻呀！在办公室，怎么能说自己没事做了？你也不想想，你没事做，那不就意味着公司不再需要你了？"

女孩子眼睛瞪得很大，还不服："可我是真没事做了！"

女经理说："就算你真没有事了，也要主动给自己找点事做。我们是一个团队，懂吗？团队的工作是流程化的，整个团队做好了才算是工作完成。所以说，我们并不需要一个英雄，而是需要一个能和其他人共同前进的队员。”

女孩于是恍然大悟，同时也羞愧的无地自容。后来，她渐渐学会了调节自己的工作效率，学会与他人协作。如果遇上加班，都是整个部门一起上阵，做完了才一起下班。

在一个团队中，如果哪个人仗着自己比其他人优秀而傲慢地拒绝与同事合作，或者找各种借口，没有积极的合作意识，总是自己一个人在孤军作战，那是十分可怕的事情。一支足球队，如果只有个人精神，便永远没有胜利的可能。

为了使你的团队健康成长，需要记住两点：

首先，应与大家共享荣誉。如果一个项目做得漂亮，外界的掌声、关注肯定少不了，权力和利益也随之而来。这时候，凡是出过力的人，你都要让他们觉得“与有荣焉”，一同戴上成功的美丽光环。

其次，要有团队合作的精神。

身为团队中的一员，你应尽好自己的本分，与大家同心协力。团队的成就，也就是你的成就，甚至抛开自我，一致为整体的目标奉献心力。

团队不比个人，如果你是单独的一个人，你当然可以毫无顾忌。但在团队中就不同了，上下左右、前前后后的关系都要协调好。当然，这对一个“自由”惯了的人来说，一开始会很难，但你必须走出这一步。否则，你只能永远停留在孤独、失败的边缘。

无论你是谁，也无论你多伟大，要想做出一番事业，必须组建或者加入一个团队。只要把大家的才华、技能、所学的知识、所受的训练与所有的专长都集中起来，大家朝同一方向努力，任何事情都可以完成。

如果我们在工作中都能做一条游在鱼群里的小鱼。与同事和睦相处，以公司的方向为大方向，与大家同进退，那么我们终有一天会收获成功。反之，如果在工作中只看到自己的利益，忽视团队的利益，没有团队精神，这样的员工是无法在现代企业里立足的。

皮之不存，毛将附焉？如果团队的利益得不到维护，那么个人的利益迟早也会丧失殆尽。因此，在工作中应该处处从大局出发，轻小利而重大义。只有这样的人，才能组成伟大的团队；也只有这样的团队，才能无往不胜、所向披靡。

天堂和地狱的最大区别定义为能不能、会不会、愿不愿与别人合作。

今天，任何一个公司都不可能由一个人去完成所有的事情，员工与员工之间必须紧密配合，团结一致，才能取得成功。

在美国的一次艺术品拍卖现场上，拍卖师拿出一把小提琴，宣布道："这把小提琴的起拍价是1美元。"还没等他正式起拍，一位老人走上台来，只见他二话不说，抄起小提琴就径自演奏起来。小提琴那优美的音色和他高超的演奏技巧令全场的人听得如痴如醉。

演奏完，这位老人把小提琴放回琴盒中，一言不发地走下台。这时拍卖师马上宣布这把小提琴的起拍价为1000美元。等正式拍卖开始后，小提琴的价格不断上扬，从2000美元、5000美元，到8000美元、9000美元，最后这把小提琴竟以1万美元的价格拍卖出去。

小提琴还是那把小提琴，可价格却有如此大的差异，原因何在？很明显，是协作的力量使这把小提琴实现了它的价值潜能。一个公司，一个集体都是如此。如果只强调个人的力量，即使一个人表现得再完美，也很难创造很高的价值，所以说“没有完美的个人，只有完美的团队”。这一观点被越来越多的人所认可。

只有团队的每一位成员紧密合作，我们才能获得最大的成功。

◆ 宽以待人，才能有效合作

合作伙伴为了共同的目标一起奋斗，几乎日日见面，如果彼此之间能像朋友一样地相处，工作时更能得心应手。但是，彼此之间免不了会发生各种各样的摩擦，各自的性格、脾气禀性、优点和缺点也暴露得比较明显。

每个人行为上的缺点和性格上的弱点暴露得多了，可能因此而引起的矛盾、冲突也就会增多，如果工作与朋友之间出现矛盾冲突，该如何面对？如何处理呢？

如果你知道珍珠的形成过程，我想你一定会接受宽容。

珍珠，光洁玉润，美丽得脱俗，好像嫦娥思念的泪。可你要是知道它的形成过程，你会心酸得感动，感动得宽容！

当人们把石子强行放到贝壳里，它不想接受，它要把石子吐出去，甩出去，可它没有手来拿出石子，千般努力而不得之后，它没有抱怨也没有愤恨，而是默默地接纳了石子。在接纳中，它忍受着石子摩擦带给它的疼痛与煎熬，渐渐的，石子的表面被它包容成了光华的、美丽的珠子。那石子本来是它的痛苦的根源，丑陋而平凡，而它却用自己的宽容与忍耐成就了它的美和价值，使它完成了从石子到珍珠的蜕变，完成了从丑陋到高贵的蜕变。

生活中，我们需要学习的是贝壳宽容与忍耐，接纳生活中的丑陋和不如意，然后把它们磨成美丽的珍珠。

看了贝壳对石子的宽容，你有何感想？ 而我们是不是也可以用贝壳与石子的相处来分析矛盾呢？

首先，对待合作伙伴的矛盾，要学会宽容。“海纳百川，有容乃大”，宽容别人就是宽容自己！化解矛盾要首先从自己做起，你如何对待别人，别人也会如何对待你。

任何人之间的矛盾往往都是起源于一些具体的事件，而并不涉及个人的其他方面。事情过去之后，这种冲突和矛盾可能会由于人们思维的惯性而延续一段时间，但时间长了，也会逐渐淡忘。所以，不要因为过去的小意见而耿耿于怀。只要你大大方方，不把过去的事放在心上，对方也会以同样豁达的态度对待你。我们一定要用一种包容的心态与合作伙伴相处，要善于化解矛盾，深入地了解矛盾产生的原因，解决这种矛盾。在解决矛盾的过程中促进合作伙伴之间的沟通理解，使之成为一颗有价值的珍珠。

其次，处理与合作伙伴的矛盾，还要积极主动化解。主动与同事沟通，化解矛盾。不要总害怕承认自己的错误，以为这样别人就会看不起自己。其实，真正有能力的人是勇于承认自己的错误的。

有个交际秘诀要记在心里：承认你错了，常常能够让对方停止跟你的战斗。

最后，即使对方仍对你有一定的成见，你还是要坚持与他的交往。因为在合作伙伴之间的来往中，我们所追求的不是朋友之间的那种友谊和感情，而仅仅是工作。彼此之间有矛盾没关系，只求双方在工作中能合作就行了。由于工作本身涉及双方的共同利益，彼此间合作如何，事情成功与否，都与双方有关。

无论是与合作伙伴还是与其他人出现矛盾，你都要努力去化解。在化解的过程中，你要时刻谨记“比大海更宽阔的是天空，比天空更宽阔的是人的胸怀”。多一点主动，多一分忍让，从自身找原因，换位为他人多想想，避免矛盾激化。

总之，合作伙伴同在利益集团里，彼此有着共同事业追求，搞好关系是非常重要的。关系融洽，心情就舒畅，这不但利于做好工作，也有利于自己的身心健康。有的合伙人关系虽然难处，但不是不可攻克的堡垒。只要我们能够面对现实，积极采取措施去化解矛盾，合作伙伴之间仍会和好如初，甚至比以前的关系更好。

◆ 和同事保持融洽关系

有位哲人说，世上有三种人：一种人离生活太近，不免陷入利害冲突；一种人离生活太远，往往又成了不食人间烟火的隐士；还有一种人与生活保持一种恰当的距离，这种人就是豁达的人。追求生活质量但不苛求，处人宽容大度而不自私狭隘，只有这样，才能够与同事保持融洽的关系。

抛开家庭成员间的交往和接触，接下来就是同事间的交往为最多。可以说除家庭之外，我们在社会中最重要的关系就是同事关系了。我们每个人都希望自己能在单位这个大集体中创造出和谐友好的同事关系，只有这样，工作中我们才能更好地互相依存、通力合作。

有道是“路遥知马力，日久见人心。”识别人心，并不是一件易事。必须经过长久的日子，才能明白。但是，如果你有幸经历了以下两种机会，你也能够识别人心：

第一种机会是他“飞黄腾达”的日子到了，还能够视你如故人，困急仍肯相助。

第二种机会，是你突遭不顺时，有些是“望望然去之，若将浼焉”，有些是“虚与委蛇，空言相慰”。但是他却肯出手相援，助你出深渊。

一定要到这个自然暴露的时候，才使你好像大梦初醒，原来只有在这困苦时刻，你才知道身边的同事谁是真心、谁是假意。知道之后，认为可交的，肝胆以相照；认为不必深交的，不妨淡淡相与，不离不即。

从前有个女子，待字闺中，争聘者很多，其中有三位青年，交情相似，谁去谁从，一时难决，谁真谁假，更是无法分辨。她想得一计，伪装双目忽患失明，通知三个青年。某甲前往慰问，教她耐心医治；某乙表示万一不幸，不能复明，彼此爱情，仍如往昔。某丙一见女子已成盲人，不再前往探问。三个青年的真情，分得明明白白，盲女子遂与某乙定；嫁娶，甲、丙都以为怪事，笑某乙为痴情，谁知定情之时，揭开药膏，流珠四盼，明察秋毫，某乙大为惊异，疑为天佑，后经女子说明，才知为女子测量交情，故施巧计。

同理，在工作中，一个能把利害关系看得很淡并与同事真诚相处的人，天长日久，他肯定会赢得同事们的一致推许。

与同事交往不是变戏法或要心眼，只要你无私地善待别人，大多时候别人也会以同样的方式回报你。尤其是现代的交际网络，那是平等主义的天下。因此，要想不被同时所孤立，最有效的办法就是用真诚与同事结盟。

如果每个人都能把建立良好同事关系当成生活中的一种追求，把维护良好同事关系当成一种责任，把平等作为一种义务，在与同事交往时自觉注意自己的言行，求大同存小异，充分尊重别人的兴趣和爱好，容得下别人的一些细枝末节，对同事不求全责备，我们就能与不同性格的同事平等相待。

◆ 有效沟通是合作的基础

沟通是合作的开始。优秀的团队一定是一个沟通良好、协调一致的团队，团队成员之间的合作也充满默契。沟通带来理解，理解带来合作。同时，沟通也是一个明确目标、相互激励、协调一致、增强团队凝聚力的过程。

如果你与同事们的关系很好，在同事中有很好的口杯，那么你也将得到顶头上司更多的信任。但如果你把自己孤立于群体之外，同事对你充满嫉妒、怨恨之情。在这种情况下，一旦你和同事之间有什么争端，上司很可能从稳定大局出发，不得不以牺牲你为手段来换取他人的支持和拥护。

尝试着多花一些时间协助同事工作，虽然这样做有可能会占用你的时间。但是请相信，你得到的一定多过你花费的。因为在帮助中，你不仅会为自己赢来好人缘，而且解决问题的过程也是知识运用与经验积累的过程，这有利于促进你整个职业生涯的发展。

假如你能够无怨无悔地全力协助同事，你的举动会使你赢得良好的声誉，增加同事对你的信任，让大家刮目相看，对你产生好感，领导也会器重你。

人与人之间、同级之间要常通信息，这样才利于团结。一个优秀的企业，强调的是团队的精诚团结、密切合作，因此平级之间的沟通十分重要。平级之间要想沟通好，必须开诚布公、相互尊重。如果沟通不是敞开心扉，还是达不到沟通的效果。

小张和小李是一对很要好的朋友，在同一所大学毕业，又在同一个公司同一个科室工作。小张思维严谨、观点缜密，而小李观念前卫、思想敏锐，两人的工作互补性很强，被公司誉为“黄金搭档”。可有一阵子，他们两人突然变得深沉了，上班也不在一起研究问题，各人在自己的电脑上工作，相互好像不认识一样。这一异常现象被部门经理发觉了，把他们俩找到一起盘问，两个人都说没有发生什么。后来细心的部门经理发现小张和小李同时爱上了隔壁科室的绘图员甜甜，问题的症结找到了。经理分别找小张和小李再次谈心，挑明他们之间的矛盾根源。经过经理的开导，小张和小李进行了一次肺腑之言的沟通，他们都觉得把个人感情带到工作上来，在工作中互不支持，最终一定会两败俱伤，影响自己在公司的前途，他们表示应该把爱情和工作分开。

经过了肺腑之言的沟通，两个人消除了隔阂，情场上的敌人依然是工作中的挚友，携手并进，共同发展。

在办公室里，同事之间相处的时间远比家人相处的时间长，那么如何跟同事进行有效的沟通呢？

首先，只有于人方便，才能于己方便。工作中如果没有了关怀和爱心，同事之间就很难和睦相处。我们应该多参与同事间的活动，体贴关心别人。如果只站在自己的角度而不顾别人，那么你可能会受到排挤、攻击。不给他人方便的人，其实也就是给自己设置障碍。

其次，真诚正直的人会赢得别人的信任。一个人善解人意，重视小节，既守信，也不负众望，可是行为表现得不诚恳，还是搞不好人际关系。一定要记住，不要在人前背后随意议论他人的长短，也不要为了争取友谊，而扎堆议论其他同事的私事，这样只能引起别人的戒心而不能赢得别人的信任。

再次，承诺守信的人会得到别人更多的信任，而背信弃义的人则为人所不齿。一次严重的失信会使人信誉扫地、名声败坏，要想再建立良好的人际关系将非常困难。所以，为人绝不可轻易许诺，一旦许诺，一诺千金。唯有守信才能赢得别人的信赖，而唯有信赖才能让别人在关键时刻听取你的建议。

此外，同事之间毕竟存在着利益冲突，所以一些摩擦也不可避免。而一旦和同事间有了摩擦，若过错在自己，就要诚心实意地道歉。能够勇于道歉的人才是有承担的人，也才是坚定自信、具有安全感的人。俗话说："弱者才会残忍，唯强者懂得温柔。"若过错不在自己，那也要大度、宽厚，不要因为同事一时之错而耿耿于怀，毕竟，错误通常都是无心之过。当然，那种动机不良或者企图混淆是非的人，就不能得到宽恕。

最后，一定要注意小节。越是小事，越是见真情。一些看似无关紧要的小事情，如欠缺礼貌、无意之中的食言、一个不文明的举止动作，很容易破坏自己好不容易建立起来的人际关系。在人际关系中，最重要的往往就是小事情。也许会有个别居心不良的同事随时拿你的小错误作大文章，所以你要提高警觉，小心谨慎，在做事时要尽力而为，尽量避免出现差错。

曾经有人说："如果世界上的人都能够很好地进行沟通，那么就不会引起误解，就不会发生战争。"无论我们在做什么，或者想做什么，要想获得成功，必须学会良好地与人沟通。因此，沟通永远是人们在生活和事业中应该首要掌握才能。从某种意义来讲，它是我们获取财富、快乐、幸福和健康最重要的手段和策略。一个有抱负的人，想在工作中游刃有余、大展宏图，就得从和你身边的同事进行有效的沟通开始。

第五章

面对困难不抱怨，达成目标是关键

在工作中，难免会遇到这样那样的困难，面对这些困难，很多人首先想到的就是抱怨。他们总是找各种各样的理由来证明自己的不幸和无奈，然而抱怨是解决不了困难的。不管你抱怨或者不抱怨，困难就在那儿。你唯一能做的，就是去想办法改变现状、达成目标。

◆ 失去目标，就失去了一切

在工作中，我们常常陷入故步自封的牢笼，每天不思进取、得过且过。也许我们还有追求，但是由于各种各样的原因，浇灭了曾经的雄心壮志。这时候，我们只有尽快从这种状态中走出来，重新获得自驱力，才能获得更加广阔的天地。

否则，故步自封的员工最终会在这一场为生命进行的“奔跑”中淘汰。他们沉迷于过去的辉煌，不会为自己的工作注入热情和力量，不会对企业、对工作保持高度的忠诚和热爱，最终这些没有自驱力的员工也会被更优秀的员工所淘汰。

朋友蒋在一家国有企业工作，混了10年，终于爬到了销售经理的位置。

这个职位炙手可热，当然，蒋为此付出了很多。这家工厂生产的产品是生活用品，似乎注定了蒋在这家工厂中举足轻重的地位。

我知道，蒋以前接到总经理的电话，会马上起身赶往公司。而现在，他可以一边和我们聊天，一边和总经理聊天：“老总啊，我现在很忙，正在和客户谈话。”

我们可以看到，蒋已经把自己关在了故步自封的牢笼里了。他的自驱力完全丧失，所以，他以后的遭遇也就不足为怪了。

企业改制的时候，蒋有望再进步一次，升为主管销售的副总经理的。但不知哪个关节出了问题，蒋仍然当他的销售经理。而一个车间主任“一步登天”成了他的顶头上司。

他的愤懑是可以想象的。到处放出话来，自己将不干了。最后董事长找他谈话，让他安心工作，董事会会考虑他的。但时间过去多日，董事会没有带来任何好消息，他原有的许多权益反而被取消了。

一怒之下，蒋辞职了。之前，他告诉我，公司会挽留的，因为他们再也找不到一个合适的销售经理了。但现实却是，蒋在提出辞职的时候，董事长并没有多大惊讶，只是要他仔细考虑一下。蒋说已经考虑好了。董事长说下午给他答复。过了三个小时，董事长打电话给蒋，说："请办好离职手续。"

蒋就这样离开了。他想看公司产品销售不出去的笑话，但事实又一次彻底回击了他。公司产品仍然源源不断地发往外地，他的离去没有给公司造成任何影响。他企图拉拢他的那些商人朋友，却没有一个人理睬他。因为他们是商人，他们以利润作为自己的终极目标。

蒋最终没能走出故步自封的牢笼，所以，他虽然爬到了很高的位置，还是落得一个失败的结局。而那些具有自驱力的员工，就算他们开始的位置很低，通过不断的努力，也最终会"一步登天"，取得巨大的成功。

在竞争激烈的职场中，有两种人终究会败下阵来，一种是除非别人要他做，否则绝不主动做事的人；另一种人则是即使别人要他做，也做不好事情的人。

因此，在属于你的职场中，你必须勤学苦练，不断壮大你的核心竞争实力。这样，不论你遇到何等的高手，你都会显得身手不凡的。如果你是在一个高手云集的公司工作，可能面临的最大问题就是你如何比他们更抢手，更能得到上司的重用！

故步自封的人，最终的结果只有一个，那就是被残酷的竞争所淘汰。无论你过去如何辉煌，那也仅仅是属于过去，只有把握住未来，才是你应该做的。作为职场中人，应该具有一种积极进取的精神，并不断提高自己的职业修养。这样做，不但是对你所效劳的公司负责，更是对你自己负责。同时，一个不断进取的人，他失业的概率也是最低的。

◆ 你的目标是什么

京城里，有一匹马和一头驴子是好朋友，马在外面拉东西，驴子在屋里拉磨。后来，这匹马被一位将去战场的将军选中。

马跟随将军一起转战各地，帮助将军取得赫赫战功，立下汗马功劳。三年后，这匹战马驮着将军回到了京城，它重新见到了好朋友驴子。

马谈起这次远征的经历：一望无际的草原，风沙曼舞的沙漠，千年不化的冰雪……那些神话般的境界，使驴子听了甚为惊异。

驴子叹道："你有这么丰富的见闻啊！这么遥远的道路，我连想都不敢想。"

马笑了笑说："其实，我们所走过的路程大致是相等的。当我和将军转战各地的时候，你一步也没有停止。不同的是，我和将军有一个远大的目标，即消灭所有的敌人，所以我们打开了一个广阔的世界。而你却被蒙住了眼睛，一生就围绕着磨盘打转，因此永远也走不出这块狭隘的天地。"

我们每一个人都在为不同的目标而努力，当你在为某个老板或企业服务时，确定一个正确的奋斗目标是你走向成功的关键性一步。因此，我们要想从众多的普通员工中脱颖而出，要做的第一件事就是让自己的奋斗目标具体化，并列出翔实的工作计划来。

确定自己的目标，即使作为一名普通员工，也不能浑浑噩噩的过日子。

任何一个老板都会喜欢积极进取的员工，而进取总是以目标为动力的。根据企业实际为自己量身确定一个目标，你的工作会变得更加有意义，在老板眼里，你也会成为一个“才堪大用”的人。

是的，工作目标很重要，但它还有一个前提，就是必须要确定这个目标是正确的。选择正确的目标十分重要，正确的目标能推动我们快速地走向成功；不正确的目标，如果固执地去坚持，会导致南辕北辙，离我们的目的地越来越远。所以，一个没有成功希望的目标、坚持是毫无益处的。诺贝尔奖得主莱纳斯·波林说：“一个好的研究者知道应该发挥哪些构想，而哪些构想应该放弃，否则，会浪费很多时间在差劲的构想上。”

对于我们不值得做的，千万别做，大多数人当走过了职业生涯一大段路程以后，才开始问自己，这件事能成功吗？其实，无论目标是否正确，我们一旦开始就要花费很多时间才能完成。我们的时间是十分有限的，在有限的时间里，应及时确立目标，反省目标，对于错误的选择应及时纠正，审慎地做出正确的判断，选择正确的方向，寻找成功的机会。

比如你的性格和专业更适合做一个行政人员，可你看到销售人员天南地北、风光无限，收入也比自己目前的工作高一大截，便把做一名出色的业务员当作自己下一步的职业目标，其结果往往难遂人愿。

总之，正确的目标是一个人能够出类拔萃的前提。当你感觉自己的工作漫无目标、循环不已、空泛无味时，效率会大为降低。“戴着眼罩做事”是做不好事情的。

对于一个不甘于平凡的普通员工来说，目标的重要性无论怎样强调都不过分。有了目标，哪怕你只是一名清洁工、办事员，你也会充满朝气，因为你知道，这只不过是走向自己目标的一个阶梯而已。可以说，优秀员工与一般员工的最根本区别就在于有无目标。

没有目标，工作会变成牢狱。人的精神一旦磨损到一定程度，人就成了机器或机器人，甚至只是大机器上的一个小齿轮。

没有目标，一切的辛苦都得不到回报。整天忙忙碌碌却什么事也没做好；承担压力但毫无成果；问题丛生而无从解决；认识的人很多但均无深交；有多种计划在进行但成效不彰；希望尽速达到目的却始终在原地打转。工作和生活都失去意义，所有的努力都属徒劳。

当你研究那些出类拔萃的人物时，你会发现，他们每一个人都各有一套明确的目标，都已订出达到目标的计划，并且花费最大的心思和付出最大的努力来实现他们的目标。

美国《成功》杂志的创办人奥里森·马登说："人人都应具有明确的目标，它就像一枚指南针，对指引人们走上光明之路。"成功之道由自己的积极思维开始。有了正确、积极的心态，你就能看到周围的一切存在着无限的可能性与机会。渐渐地，你不但能获得使自己在日常工作中更能干的远见，而且最终会有更加具体的、适合各个方面的人生理想——目标。要取得成功，就必须制定目标。

如果谁以为只有特殊重要人物才会拥有目标，那他就永远都无法逃离凡夫俗子的命运。

找到了目标，就好比是找到了开发自我潜能的工具，这是开发生命"矿脉"的关键。不论付出多少，只要能发挥自己的潜力，就能让人体会到生命的意义和价值。

目标是对于所期望成就事业的真正决心，目标比幻想更贴近现实。没有目标，不可能发生任何事情，也不可能采取任何步骤。如果个人没有目标，就只能在人生的旅途上徘徊，永远到不了任何地方。

如果你目前还只是一个普通的员工，身处一个普通的岗位，正在从事一项普通的工作，不要紧，确定一个可以为之奋斗的目标，你的职业生涯就会充满希望。

◆ 梦想点燃你的希望

很多人眼高手低，只说大话，不干实事，那实在是非常危险的。

“等我毕业了，一定要去大城市，进大公司。而且，一般的职位我是不会干的。”在大学里，阿成总是在同学面前这样说。

可真正毕业时，同学们大都找到了合适自己的工作，阿成仍然是高不成低不就。最后总算进了一家中型公司，他还一副怀才不遇的样子。

又过了许多年，不少同学都打拼出了自己的一摊事业，而阿成还在失业的边缘徘徊。工作换了许多次，可他从来没有踏踏实实地做好一件事。

但凡事业上一败涂地的人，都有几种因素在制约着他们的发展。首先，他们对未来有不切实际的期望，而在实施过程又缺乏做好小目标的好习惯。

柯尔律治是一个才华横溢的年轻人，但是他意志薄弱，缺乏勤勉地从小处出发的习惯。他只是一味地沉溺于精神的幻想，这种幻想消耗了他的精力。

尽管他时时有新主意、新目标，但他从未持续地完成过一件事。他的生活是漂泊不定的，就像秋风中的落叶一样，随风飘零，任意东西。

“柯尔律治死了。”英国散文家查尔斯·兰姆写信给一位朋友说，“据说，他身后留下了4万多篇有关形而上学和神学的论文——但是其中没有一篇是写完了的”。

人生需要志存高远，但眼高手低却非常致命，必须想办法避免。要想把事情做好，把目标实现，还得要从小事上做起，所有的重大成就都是小成就累积而成的。一旦认清自己的目标，你就要脚踏实地地从小目标上做起，一点一滴地从小事情上开始，追求在自己领域里的卓越成就。

一个人如果全身心地追求某一目标，很少有不成功的。伟人之所以成其为伟人，成功者之所以能超越众生脱颖而出，就在于他们一旦认准目标，就能够坚定不移地朝这个目标努力。并且，在努力的过程中，从不忽视小事，总能够为了目标全力以赴、矢志不移。他们的成就与其精力的集中程度往往是成正比的。

英国油画家贺加斯会将他的视线和注意力一直集中在某一张脸上，直到这张脸如照片般留存在他的脑海中，他可以随时随地将其复制出来为止。他在研究和观察任何物体时都做到了一丝不苟、谨慎细致，仿佛他永远都没有机会再看到它们一样。这种仔细观察的习惯使得他的研究工作充满了令人叹为观止的细节描述。

在他所生活的时代，几乎所有重要的艺术流派都受到了他的著作的影响。他既没有受过高深的教育，也不是那种天资卓越、才华四射的天才人物，他的成功在很大程度上归功于他那勤勤恳恳、埋头苦干的精神和细致入微的观察能力。

有人曾经这样说过：即使是最弱小的生命，一旦把全部精力集中到某一具体的目标上，也会有所成就。而最强大的生命如果把精力分散开来，最后也将一无所成。水珠不断地滴下来，可以把最坚固的岩石滴穿；湍急的河流一路滔滔地流淌过去，身后却没有什么痕迹。

很多人都会说："我有目标啊！但是我还是失败。"其实，他们失败的主要原因是订完目标不会订计划。所谓计划，就是想到要做什么，你马上用随身带的小纸条先把它写下来。回家没有时间整理，没有关系，马上从口袋掏出来，把它贴在墙壁上，就这么简单。

这里面还包含很深的学问，这很深的学问，中国人叫作"谋定而后动"。谋定就是说你要考虑，你现在想要追求一个什么样的目标，目前遭遇的困难在哪里？对这些困难马上要去想，你用什么方法，能够去克服这些困难？

有条不紊和细心认真是实干家必备的素质，超乎寻常的敬业精神是成功的可靠保障。只有踏踏实实做人，实实在在办事，才会给人留下一个实在的形象，给自己的成功增添一份坚实的基础。相反，那些只会空谈却从不付诸实践的人，永远是与成功无缘，只想不做的人只能生产思想垃圾。

从前，有一位满脑子都是智慧的教授与一位文盲相邻而居。尽管两人地位悬殊，知识水平、性格有天壤之别，可两人有一个共同的目标：如何尽快富裕起来。每天，教授跷着二郎腿大谈特谈他的致富经，文盲在旁虔诚地听着，他非常钦佩教授的学识与智慧，并且开始依着教授的致富设想去实现。

若干年后，文盲成了一位百万富翁，而教授还在空谈他的致富理论。

总之，成功是一把梯子，双手插在口袋里的人是爬不上去的。因为思想固然重要，但行动往往更重要。我们的本性是主动行动而不是消极等待。这一本性不仅能使我们选择对某种特定环境的反应，而且能使我们创造环境。

◆ 制定计划，付诸实际行动

为了实现目标，必须制订一套详细可行的工作计划。

制定的计划是实现目标的最伟大的助手和参谋。否则，如果什么事都没有制定一个完整而精密的计划，对出现的意外情况将无法应对，必然形成一种“狗咬刺猬”的场景。所做的事情不但会半途而废，而且会浪费大量的时间和精力。

可见，迅速行动固然重要，但在此基础上制定一些计划也同样重要。有了计划才能处变不惊，也可以使我们不因事物的变化而白白浪费时间。

对一名员工来说，制订计划的周期可定为一个月，但应将工作计划分解为周计划与日计划。每个工作日结束的前半个小时，先盘点一下当天计划的完成情况，并整理一下第二天计划内容的工作思路与方法。

聪明的员工会尽力完成当天的工作，因为当天完不成的工作将不得不延迟到下一天完成。这样必将影响下一天乃至当月的整个工作计划，从而陷入明日复明日的被动局面。

在制订日计划的时候，必须考虑计划的弹性。我们在制订计划的时候，不能将计划制订在能力所能达到的 100%，而应该制订在能力所能达到的 80%。这是因为我们每天都会遇到一些意想不到的情况，以及上级交办的临时任务。如果你每天的计划都是 100%，那么，在你完成临时任务时，就必然会挤占你已制订好的工作计划，原计划就不得不拖期了。一旦计划无法完成，也就失去了计划本身的意义，久而久之，你的计划也就失去了严肃性。

好的工作计划还应该将工作分类。分类时主要遵循轻重缓急原则，当然还要考虑时间因素。很多员工会忽略时间的要求，只看重任务的重要性，这样理解是片面的。

一位著名的商界精英，工作效率奇高，他是怎样做到这一点的呢？

原来，在每天上班做的第一件事，就是把当天的工作分为三类：

第一类是所有能够带来新生意、增加营业额的一切工作；第二类是为了维持现有状态，或使现有状态能够持续下去的一切工作；第三类包括必须去做、但对企业利润没有任何价值的一切工作。

他是怎么对待这三类工作的呢？那就是，在完成第一类工作之前，他决不会开始第二类工作；在完成第二类工作之前，他也决不会着手进行第三类工作。

此外，他还要求自己："你必须坚持养成一种习惯：任何一件事都必须在规定好的几分钟、一天或一星期内完成，每件事都必须有个期限。如果坚持这么做，你就会努力赶上期限，而不是无休止地拖下去。"

这位商界精英的工作计划中，很重要的一点就是，在规定的时间内完成工作。我们要时刻关注时间与质量，并尽可能提前完成工作。

因为，任何事情都难免出现意外。当应该提交的任务与临时的事项冲突时，就陷入了鱼与熊掌不可兼得的被动状态，这与计划的弹性原则是同一个道理。

一个能每次按期完成工作任务的员工，即使不加班加点，即使并不显得忙碌，也会让主管觉得你是一个让人放心的人，而不是天天追问你工作的进度如何了。

世事如棋，变幻莫测；人生如棋，变幻无常。计划是应对变化的，棋观三步，人生又岂可不多备后手？拥有计划，就不至于浪费时间，也可以随机应变。如果你计划中已经考虑到一切可能出现的问题，并且拟定好应对措施，肯定能处变不惊，应对自如。

◆ 面对目标，持之以恒

一个人的精力是有限的，把精力分散在好几件事情上，不是明智的选择。在这里，我们提出“一个目标原则”，即专心地做好一件事，就能有所收益，能突破工作困境。这样做的好处是不至于因为一下子想做太多的事，反而一件事都做不好，结果两手空空。

做事有了明确的目标，就要把全部的注意力集中在一个目标上，直到你这个目标实现为止。也许，一些不同领域成功人士的经历对普通员工如何实现自己的目标会有一些有益的启示。李斯特在听过一次演说后，内心充满了成为一名伟大律师的欲望，他把一切心力专注于这项目标，结果成为美国最出色的律师之一。

伊斯特曼致力于生产柯达相机，这为他赚进了数不清的金钱，也为全球数百万人带来无比的乐趣。

海伦·凯勒专注于学习说话，因此，尽管她又聋、又哑，而且又瞎，但她还是实现了她的这个目标。

可以看出，所有出类拔萃的人物，都把某一个明确而特殊的目标当作他们努力的主要推动力。你不是不甘平凡吗？只要你的需求合乎理性，并且十分热烈，那么，“专心”这种力量将会帮助你得到它。

把精力放在一个目标上，全身心地投入并积极地希望它成功，这样你的心里就不会感到筋疲力尽。不要让你的思维转到别的事情、别的需要或别的想法上去，专心于你已经决定去做的那个重要项目，放弃其他所有的事。

把你需要做的事想象成是一大排抽屉中的一个小抽屉。你的工作只是一次拉开一个抽屉，令人满意地完成抽屉内的工作，然后将抽屉推回去。不要总想着所有的抽屉，而要将精力集中于你已经打开的那个抽屉。

在激烈的职场竞争中，如果你能向一个目标集中注意力，便会很快做出成绩，脱颖而出的机会将大大增加。

我们在职业生涯中也是这样，对于自己的目标，应把握好坚持与放弃的分寸。确立目标时应审慎分析、充分考虑。认为目标切实可行，具备成功的可能性，就矢志不渝地瞄准这一个目标去坚持，并且不论遇到多大困难都要义无反顾、坚持到底，必定能成功；另外，意识到目标不正确，应及时调整，使目标更有意义，更切实际，更有可能实现。

◆ 大小目标互相结合

1984 年，在东京国际马拉松邀请赛中，名不见经传的日本选手山田本一出人意外地夺得了世界冠军 。当记者问他凭什么取得如此惊人的成绩时，他说了这么一句话：“凭智慧战胜对手”。

当时许多人都认为这个偶然跑到前面的矮个子选手是在故弄玄虚。马拉松赛是体力和耐力的运动，只要身体素质好又有耐性就有望夺冠，爆发力和速度都还在其次，说用智慧取胜确实有点勉强。

两年后，意大利国际马拉松邀请赛在意大利北部城市米兰举行，山田本一代表日本参加比赛。这一次，他又获得了世界冠军。记者又请他谈经验。山田本一性情木讷、不善言谈，回答的仍是上次那句话：用智慧战胜对手。这回记者在报纸上没再挖苦他，但对他所谓的智慧迷惑不解。

10 年后，这个谜终于被解开了，他在他的自传中是这么说的：每次比赛之前，我都要乘车把比赛的线路仔细地看一遍，并把沿途比较醒目的标志画下来，比如第一个标志是银行；第二个标志是一棵大树；第三个标志是一座红房子……这样一直画到赛程的终点。比赛开始后，我就以百米的速度奋力地向第一个目标冲去，等到达第一个目标后，我又以同样的速度向第二个目标冲去。40 多公里的赛程，就被我分解成这么几个小目标轻松地跑完了。起初，我并不懂这样的道理，我把我的目标定在 40 多公里外终点线上的那面旗帜上，结果我跑到十几公里时就疲惫不堪了，我被前面那段遥远的路程给吓倒了。

在山田本一的自传中，发现这段话的时候，我正在读法国作家普鲁斯特的《追忆似水流年》，这部作者花了 16 年写成的 7 卷本巨著，有很多次让我望而却步，要不是山田本一给我的启示，这部书可能还会像一座山一样横在我的眼前，现在它已被我踏平了。

我曾想，在现实中，我们做事之所以会半途而废，这其中的原因，往往不是因为难度较大，而是觉得成功离我们较远，确切地说，我们不是因为失败而放弃，而是因为倦怠而失败。在人生的旅途中，我们稍微具有一点山田本一的智慧，一生中也许会少许多懊悔和惋惜。

在奔跑的过程中，我们经常会有这样的体会：如果你的目的地太遥远，就很容易丧失自信，感到自己很难到达。的确，在现实生活中，有许多目标看起来一时难以实现，但你可以把它们分成若干可以实现的小目标，然后集中精力想办法逐一地实现这些小目标。当这些小目标全部实现时，你的大目标也就实现了。假如你有写作的天赋，现在让你在一个月内写出一部百万字的长篇小说，你肯定做不到。但是，如果你每天写 1000 字，坚持 3 年，你就可以完成一部百万巨篇。

辉煌的人生不会一蹴而就，它是由一个个并不起眼的小目标实现堆砌起来的。让我们把目标化整为零，用一个个小的胜利赢得最后的大胜利吧。有时某些人看似一夜成名，但是如果你仔细看看他们的历史，就知道他们的成功并不是偶然得来的，他们早已投入无数心血，打好坚固的基础了。那些暴起暴落的人物，声名来得快，去得也快。他们的成功往往只是昙花一现而已。他们并没有深厚的根基与雄厚的实力。富丽堂皇的建筑物都是由一块块独立的石块砌成的，石块本身并不美观。拯救自己的生活也是如此。我们无法一下子拯救自己，只能一步步改变自己、拯救自己。

◆ 大步流星迈向前

有一位哲学家到一个建筑工地，他分别问三个正在砌砖的工人说：“你们在干什么？”

第一个工人头也不抬地说：“我在砌砖。”

第二个工人抬了抬头说：“我正在赚工资。”

第三个工人热情洋溢，满怀憧憬地说："我在建一座美丽的剧院！"

听完回答，哲学家马上就判断出这三个人的未来：第一个人心中眼中只有砖，他是为了工作而工作，可以肯定，他一辈子能把砖砌好，就很不错了；第二个人眼中只有工资，他是为了赚钱而工作，好好干或许能当一位优秀的工匠或技术员；唯有第三位，必有大出息，因为他有目标，他的心中有一座殿堂。想追求更大的成就。

果不其然，前两个工人做了一辈子普普通通的砌砖工人，而第三个却成了一名颇具实力的建筑师，承建了许多美丽的剧院。

作为职场中的一员，我们不能只为工作而工作，那样只会让我们在日复一日的劳动中消耗掉自己的激情，从而变得庸庸碌碌。正确的做法是，把目光放长远些，知道自己工作的意义和责任，并永远保持一种积极主动的工作态度，为自己的行为负责。

你的眼光是否长远，这是一名优秀员工和那些凡事得过且过的员工最根本区别。

明白了这个道理，并重新审视我们的工作，工作就不再成为一种负担，即使是最平凡的工作也会变得意义非凡。在各种各样的工作中，当我们发现那些需要做的事情——哪怕并不是分内的事的时候，也就意味着我们发现了超越他人的机会。因为在积极主动地工作背后，需要你付出的是比别人多得多的智慧、热情、责任、想象和创造力。

而作为一名普通员工，当你给自己确定好了目标之后，目标就在两个方面起作用：它是努力的依据，也是对人的鞭策。目标给人一个看得着的射击靶，随着人们努力去实现这些目标，就会产生成就感。对许多人来说，制定和实现目标就像一场比赛，随着时间推移，你实现一个又一个目标的同时，人的思想方式和工作方式又会渐渐改变，你又需要一个新的目标。

另外，目标必须切合自己的实际，又要具体、明确。比如工作进度的目标、工作质量的目标，甚至某一时期内的升职目标。一个进取型的老板是喜欢有野心、有挑战精神的部属的。这样每实现一个目标，你就把自己向前推进了一步，同时增加了自己实现更大目标的信心。

所以必须强调，目标应该是具体的，是可以看见的。如果计划不具体，无法衡量是否实现了，那将会降低人的积极性。如果无法知道自己向目标前进了多少，就会使人泄气，甩手不干了，要想脱颖而出就难了。

有一个真实的例子，说明一个人若看不到自己的目标，就会有怎样的结果。

1952 年 7 月 4 日清晨，加利福尼亚海岸笼罩在浓雾中。在海岸以西 21 英里的卡塔林纳岛上，一个 34 岁的女人涉水下到太平洋中，开始向加州海岸游过去。要是成功了，她就从所有的女性中脱颖而出，成为第一个游过这个卡塔林纳海峡的妇女，这名妇女叫费罗伦丝·查德威克。

那天早晨，海水冻得她身体发麻，雾很大，她连护送她的船都几乎看不到。时间一个钟头一个钟头过去，成千上万人在电视上看着她。她仍然在游。有几次，鲨鱼靠近了她，被人开枪吓跑。在以往这类渡海游泳中她的最大问题不是疲劳，而是刺骨的海水。

15 个钟头之后，她很累，又冻得发麻。她知道自己不能再游了，就叫人拉她上船。她的母亲和教练在另一条船上，他们都告诉她海岸很近了，叫她不要放弃。但她朝加州海岸望去，除了浓雾什么也看不到。

几十分钟之后——从她出发算起15个小时零55分钟之后，人们把她拉上了船。又过了几个小时，她渐渐觉得暖和多了，这时却开始感到失败的打击，她不假思索地对记者说："说实在的，我不是为自己找借口，如果当时我看见陆地，我相信我能坚持下来。"

人们拉她上船的地点，离加州海岸只有半英里！后来她说，令她半途而废的不是疲劳，也不是寒冷，而是因为她在浓雾中看不到目标。两个月之后，她成功地游过同一个海峡。她不但是第一位游过卡塔林纳海峡的女性，而且比男子的纪录还快了大约两个小时。

◆ 亮出你的工作底牌

你必须尽一切力量去避免失误，不仅仅要保持着强烈的责任意识，而且还要让责任意识衍生出相应的能力，那才是真正对工作负责任——以结果为目标，专注行动过程，致力于提高自己的判断力和行动力。

一天下午，上司让一位员工上网查一个资料，当时那位员工正在翻阅刚收到的杂志，低着头说"好"。但是隔一阵上司却见员工在梳头，上司又催，员工才去开电脑，还一边嘟嘟囔囔地埋怨电脑速度太慢，做起事情来真费劲。

上司看到这些情况，心里很不舒服，把员工训斥一顿：我真搞不懂，你明明手头有事情做，为什么还看那些杂志。就算你要看杂志，也可以一边开电脑，一边看杂志吧；自己的效率不高，却抱怨机器运转得不快。

之后，就把这位下属开除出公司。

员工很不平衡，来找上司理论："我没有什么大错。你说的话我都照做了，该我做的事情我都负责了。"

上司说道："你是做了，但是你做事情的风格让人不能忍受，做事情的效率更是糟糕，耽误了公司的工作节奏，还好意思说负责了？"

员工又辩解道："这只是偶尔出现的情况而已。我真实的行事风格不是这样的。"

上司说道："不用说了，今天的事实说明了一切。"

从一般的角度上看，工作意味着承担着某种责任，把这个责任落实了就意味着工作的完成。但是事实上，责任的范围远不止这些，它还包括工作方式、行为风格、做事态度、工作效果——太多太多。这些凌乱而难以捉摸的细节有着一个基本的评判标准，那就是使工作的效果最佳。如果没有良好的结果，再强的责任心也得不到印证。每个人都会在自己的简历或鉴定中加上"有工作责任感"之类的描述，也会在工作开始的时候谨慎小心、全神贯注。但这些能说明一个人的工作态度吗？不能。上司们最关心你的工作效果。他们对你的高谈阔论和一时的激情没有多大的兴趣。唯一隐藏在他们心里的一句话就是：拿事实来说话吧。

拿事实来说话。这句话一下子可以辨别出形形色色的责任心：伪装的责任心还是本色的责任心；肤浅的责任心还是深刻的责任心。

用事实来检验责任心时，责任心就不仅仅是一个责任问题，它还特别需要能力来支撑。优秀人物的身上处处闪耀着责任心和能力的结合。

一名工作着的人，不要空喊责任心，最重要的是恪守着自己的责任本色，在工作过程中孜孜不倦地追求尽善尽美的结果。下属如此，上司更是如此。美洲大陆来开辟自己的新天地，同时也带来了很多新的矛盾。由于法国和英国在美洲的领地边界没有得到清晰的确定，野心勃勃的法国军队开始由北南下，渗透到弗吉利亚这块肥沃的土地。他们不停地蚕食着弗吉利亚人民的土地，严重威胁着弗吉利亚人的利益。这时候，华盛顿和英国皇家著名将军布雷多克同时参与了这场捍卫弗吉利亚的战争。其中，将军被公认为具有典型而出色的军事素质，富有勇敢的精神和正规作战的经验，理所当然地掌握着军队的大权。而华盛顿则是一个土生土长的弗吉利亚军人，有勇有谋。他被任命为将军的高级参谋，负责协同将军作战。

问题产生了。对布雷多克将军来说，美洲是一块他完全陌生的大陆，地势不同于欧洲，正规军一旦进入这样的区域，固有的作战传统，完全失去它的效用。华盛顿一再向将军建议要改变传统的队列式进攻，采取灵活的丛林战术。同时，他还主张派熟悉地形的弗吉利亚地方士兵作为先头部队。然而布雷多克将军拒绝了。他始终相信自己的判断，认为年轻的华盛顿不值一提。结果，这一场由英国将军导演的战役遭到了巨大的失败。狡猾的法国人以静制动，以暗制明，把英国军队打得落花流水。尽管布雷多克将军镇定地指挥战争，但是却没有一点成效。他的军队节节败退，自己也身受重伤。

战争失败了，责任问题也随之产生。在随后召开的弗吉利亚会议上，将军的战术受到批评。可是，在此之前，英国王室对布雷多克将军的评价：高度责任感，骁勇有谋。一个有着高度责任感的将军要为失败的战局负责任，这是一种公平还是不公平？这是一种人性上的不公平，但绝对是事实上的公平。战争不容许失误，你必须尽一切力量去避免失误，不仅仅要保持着强烈的责任意识，而且还要让责任意识衍生出相应的能力，那才是真正地对工作负责任——以结果为目标，专注行动过程，致力于提高自己的判断力和行动力。如同华盛顿，他有责任心，他也有落实责任的能力，所以他是比布雷多克将军更优秀的人：不仅是一名优秀的军人，还是一名优秀的总统。

记住：责任心不是说出来的，而是做出来的。用事实来证明，拿业绩来体现，就没有人可以质疑你，更没有人可以淘汰你，你永远是百战百胜的优秀将领。

第六章 面对逆境不抱怨，积极奋进是关键

职场有职场的规矩，办公室有办公室的法则。既然你不是制定这些游戏规则的人，那就要学会遵从。一旦违背的这些规则，你会付出巨大的代价。

◆ 宁可不说话，也别说错话

身在职场，我们每天难免要和同事、领导之间进行沟通和交流。该说什么、不该说什么、要怎么说，这些都有“讲究”。可以说，在职场上“说话”也是一门艺术。很多时候，有些人吃亏的原因就是没能管住自己的嘴巴，说了不该说的话。

所以，有些话，当说则说；有些话，不该说则不要说。我们既不要做一头默默无闻的老黄牛，也不要当一只叽叽喳喳的鹦鹉。

一、张开你的嘴

“说话”是衡量职业人士思维能力和表达能力的基本标准，也是考核他是否具备职业竞争能力的重要标志，更重要的是，语言能力是提高自信心的强心剂。如果一个人能把自己的想法或愿望准确、流畅、生动、清晰地表达出来，那么他内心一定具有明确的目标和坚定的信心，同时他充满信心的话语也会感染对方，吸引对方的注意力，直到让人们信服，他的自信心对他人有着巨大的影响和帮助。

现在，就让我们张开嘴巴吧，无论对方是一个人还是一群人，让我们试着将自己的心里话说出来，不要在意对方的反应甚至是讥笑，只在乎自己是否将其表达清楚、利索，是否将自己想说的话都表达出来了。只要坚持不懈，一定会有收获，一定会让自己感到内心自信的力量在不断地充满，说话技巧也会大有改观。就从现在做起，否则你纠结的自卑情绪将永远无法舒展，你也就永远别想开口了。

你也来试一试：

1. 运用腹腔呼吸，不要用胸腔来呼吸，这样声音才会有力度；

2. 说话时把声调放低，这样听起来平稳、和谐，也更显得性感魅力十足；

3. 多说“我行”、“我可以”、“我能做的”、“我会做好的”之类有信心的话，你的自我感觉会变得越来越好，别人也会增加对你的信心；

4. 说话时配合一些手势，眼睛看着对方，并面带微笑，这样可以增强语言的感染力；

5. 每天与自己小声地交谈一番，问问自己的表现，说说明天要做些什么，这对你的自信心会产生积极和深刻的影响。

二、忌讳的言行

1. 说话吞吞吐吐，结结巴巴，总带有“嗯”、“啊”、“这个”之类的赘词；

2. 在话语中间插入一些“你知不知道”、“我对你说”这样的话，这样便打断了话语的连贯性；

3. 说话高声大叫，把气氛搞得很紧张。

4. 说话像开机关枪，没有停顿，结果自己说的上气不接下气，累个半死，还搞得对方难以接受；

5. 说话时总喜欢夹带几个外语词，更有甚者中文外文一起上，未免有卖弄之嫌。

三、说话悠着些

你总能高效出色地完成工作，总在赞叹自己的脑袋胜过诸葛亮，也总在不经意间讥笑那些“榆木脑袋”似的同事；你总是嘴太勤，手太懒，看到什么都不顺眼；你总是认为自己能力出众，总是满怀欣喜地盼望着评先进、加薪、升职，可为何好事总是在你眼前飘过，离你那么的遥远呢？

同在一个单位或办公室，与同事搞好关系是非常重要的。假如关系不和，甚至有点紧张，那日子就会很不舒服了。导致同事关系不合的原因有很多，除了重大问题上的矛盾和直接的利害冲突外，平时不注意自己的言行细节也是一个原因。

同事间的矛盾或误会多是由说话造成的。例如，你每天象广播台一样向大家播送独家新闻，大家自然会对此感到新奇和快乐。如若你不注意细节，说起话来口无遮拦，信口开河就适得其反了。尽管一些“推心置腹”的抱怨、诉苦能多少构筑建一种“办公室友谊”，但过分的喋喋不休难免会让身边的人感到痛苦不堪。在你高谈阔论的空儿，没准就有人开始盘算如何打你的小报告了。

办公室虽属弹丸之地，但却危机四伏，流言蜚语满天飞，其杀伤力之强令人叹为观止。如何在办公室里自保，实在是当务之急。下面的这几招应该是你不得不学的防身之术。

1. 避免敏感话题：不要去探究别人的年终奖金之类的问题，对于此类问题，别人喜欢对你打哈哈，而你自己也不愿意告诉别人。正所谓“己所不欲，勿施于人”，就是这个道理。

2. 不要随便对同事发牢骚，诉说对公司制度的不满，对领导的抱怨，小心传到领导的耳朵里，最终连辩解的机会都没有。

3. 做个“含蓄”的人。无论是富贵，还是穷苦，都不要向别人显露。而对于私生活，更应该保有隐私权。不要让领导认为你是一个自控力很差的人。

4. 防止锋芒毕露。大张旗鼓地昭告天下你要坐上XX职位了，这无异于向同僚示威，甚至是向上司宣战。小心未达成功先半路夭折。

5. 如果上司对你发火，你要做到不卑不亢，保持自身原有的一贯作风，巧妙应对。最后可以告诉你的上司，你已经做好听的准备，请他坦诚地说好了。这样反而会令你峰回路转。但若是你的错误，那么请你诚恳地道歉，想办法弥补自己的过失。

6. 想做一个洁身自好受欢迎的办公室女士吗？那么请不要在办公室里扮演长舌妇的角色。适时地闭上嘴巴，这会让你看起来更加可爱。不要肆意倾倒你的垃圾信息，而不顾别人的想法，更不要随便卖弄你的小道消息和私人问题对一个不熟悉的人。

7. 小心那些只听不说的人，或许是因为害羞，或许是他们暗藏杀机。在询问式和操纵式的倾听中，要学会分辨同情和尊重的耳朵。

8. 不要在办公室内谈论自己的私事，或是向同事散播别人的八卦，这两种行为都会不自觉地将你卷入危险境地。但你在封紧嘴巴的同时一定要张大耳朵，“有耳无嘴”不只是大人教训小孩子的话，也是办公室丛林的生存法门之一。

9. 八卦一向是同事间联络感情最佳的共同话题，尤其是以茶水间、洗手间这两间为主的“谈话室”，已成为众家流言的最大集散地，也是大家说领导坏话时公开的“秘密花园”。不过，不论你在办公室受到多大的冤屈，有多少苦水，都不应该向同事诉苦。原因有二，首先牢骚如同狐臭，人人唯恐避之而不及，没有人愿意、应该当你的情绪垃圾桶；再者，办公室是工作的地方，不是你找心理医生的地方，有些人会把互交心事当成是两人结盟的保证，试想，如果有一天两个人不再是朋友，那结果会如何呢！过去的秘密就会成为对方手上的把柄。

因此，无论你与领导关系如何，都请不要在公司里张扬。如果你有能力，业绩突出，一定不希望自己努力得来的成果，最终被归为跟上司的“特殊关系”吧！一旦你与上司之间有矛盾，被有心人士知道后，难保不会成为被他利用的话题或炒作的材料，两者之中任何一方对你都无半点好处。

常言道：祸从口出，病从口入。八卦可以多听，但不可多讲，最好做到只进不出。口水向来是名副其实的“祸水”，不管是泄露自己的私事，还是转述听来的是非，都可能让自己处于言多必失的境地。更为人所耻的是以八卦为荣，四处打探小道消息，当心变成别人的枪手还浑然不知。

◆ 有些事，办公室里不宜做

职场有职场的规矩，办公室有办公室的法则。既然你不是制定这些游戏规则的人，那就要学会遵从。一旦违背的这些规则，你会付出巨大的代价。

在办公室中，有哪些事不宜做呢？

1. 有好事儿不通报

当单位里发放物品、领取奖金时，如果你先知道了，或已经领取，却像没事人一样不声不响地坐在那里，而不向大家通报一声；一些可以代领的东西，也从不帮人领一下。长此以往，同事之间难免会有微词，觉得你太不合群。以后再有事发生，同事们自然也不会通知你。这样下去，就会造成彼此的关系不和谐了。

2. 明知却推说不知

同在一个办公室工作，同事之间遇到问题，互相请教帮助是经常的。如果同事向你请教问题，就表明他在这个方面很看重你的能力，对你的意见也会相当尊重。此时，你若明明知道解决的办法却不肯为同事出谋划策，推说不知道的话，会对你的人际关系造成严重的障碍。以后就算同事还有什么事情，也不会再向你请教，因为大家都清楚你“见死不救”。反之，如果你有什么难题需要得到同事的帮助，恐怕也没人愿意帮忙，困难重重。

3. 进出不互相告之

如果你因事外出一会儿，或者请假不上班，虽然批准请假的是领导，但你最好要同办公室里的同事打声招呼。这样，假如领导或熟人来找，也好让同事做到心中有数。如果你什么也不愿意说，进进出出神秘兮兮的，如果正好赶上有要紧的事，人家也没法相告，当然，有时也会懒得说，最终受到影响的恐怕还是你自己。互相告之，既是一起工作的需要，也是联络感情的纽带，它代表着双方互有的尊重与信任。

4. 不说可以说的私事

私事也分轻重，有些绝对不能说，但有些说说也无妨。比如你男朋友或女朋友的工作单位、学历、年龄及性格爱好等；如果你结了婚，有了孩子，就有关于爱人和孩子方面的话题。在工作之余，这些无关紧要的话题都是可以顺便聊聊的，它可以增进了解，加深感情。

5. 有事不肯向同事求助

不轻易求人，这种想法是对的。因为求人难免会为别人带来这样或那样的麻烦。但万事万物都是相对的、辩证的。因此，有时求助别人反而能拉近彼此的关系、加深相互间的感情，求助同时还表明你对别人的信赖。你有事不愿求人家帮忙，人家有事自然也不好意思求助于你；你怕人家麻烦，人家就以为你也很怕麻烦。良好的人际关系是建立在互相帮助的前提之下的。故，求助他人，在一般情况下是可以的。当然，要注意分寸，讲究方式，尽量不要让人家感到为难。

6. 常和一人"咬耳朵"

在同一间办公室里会有好几个人共同工作，对每个人的关系都要尽量做到"一碗水端平"，不要对其中的某一个人表现得特别亲近或特别疏远。

在平时，不要老是与同一个人说悄悄话，也不要总是和同一个人进进出出。不然，虽然你俩的关系亲近了，却疏远了更多的同事。会给别人造成你们在拉帮结派的不良印象。如果你经常在办公室里和同一个人“咬耳朵”，当别人进来时又不说了，那么别人难免不会怀疑你们在说他的坏话。

7. 热衷于探听别人的私事

每个人都有自己的秘密，能说时人家自然会说，不能说时你又何苦去挖。有时，别人不小心把心中的秘密说漏了嘴，对此，你不要去探听，也不要想去问个究竟。从某种意义上讲，爱探听人家私事是一种不道德的行为。

8. 喜欢在嘴巴上占便宜

在与同事相处的过程中，总有些人喜欢占嘴巴上的便宜。例如，有些人喜欢说别人的笑话，占别人的便宜，虽是玩笑，也绝不肯以自己吃亏而告终；有些人喜欢争辩，有理要争，没理也要辩三分；有些人不论国家大事，还是日常生活小事，一见对方有破绽，就会死咬不放，非要让对方败下阵来才罢休；有些人对本来就争不清的问题，也想要争个水落石出……这些都会破坏同事间的良好关系。

◆ 明明白白口头禅

在与同事的交流中，有个问题很让人纠结，那就是对方的口头禅。有时候，同事的口头禅会把你搞得模棱两可，不知道他是有心还是无意。

一、说句口头禅：

1. “没劲！”

“没劲！”这句口头禅，俨然带有一副厌烦红尘俗世的状态。

约他泡吧，他说：“都什么时候流行的了！跳来跳去都是外地人，没劲！”

约他吃饭，他说：“啊，怎么又是韩国料理啊，就没点新花样吗！每次吃了胃都不舒服。没劲！”其实，别人一听到这句“没劲！”的口头禅，就会心生厌恶，甚至长此以往，在这句口头禅的困扰下，你的情绪也会逐渐变得消极，工作效率也会因此大打折扣，搞到最后，连你自己也不知道该如何是好。

解救绝招：身处职场，你不可避免地会从同事口中听到一些让人反感的口头禅，这些口头禅可能影响到你的心情，妨碍到你对事情做出客观的判断，甚至会阻碍你工作的正常进行。所以，你必须简单、果断地处理好这个问题，不要为此浪费过多的时间和精力。最好的办法就是对他的口头禅置之不理、不予回应，在得不到你的任何回应下，他自然就会乖乖闭嘴。

2.“什么时候一起吃饭吧”

有些同事非常有激情，而且为人活跃，话特别多，从来不知道怯场为何物。他们经常挂在口头的话就是：“什么时候一起吃顿饭吧”。跟他们很熟的朋友都不会把这句话当真。一般情况下，只有当他第5次这么提的时候，才表明他老人家的确是想和你一起吃饭了。

解救绝招：对于那些经常“干打雷不下雨”的同事，最好的解决办法就是“以其人之道还治其人之身”，因为这种同事经常说话不算数，好像很喜欢耍弄别人。所以，你也可以找个合适的机会，让他也尝一尝上当受骗的滋味，你可以故意说要请他吃饭，然后等他真的准备和你去吃饭时，你也玩一次失踪，让他自己去傻等吧。

二、解读口头禅

1.“说真的”“老实说”“的确”“不骗你”——说这种口头禅的人大多性格急躁，内心常有不平之处，有一种担心被对方误解的心理。

2.“应该”“必须”“必定会”“一定要”——这种人有极强的自信心，为人处事都很理智、冷静，自认为能够说服对方，令对方相信。但当“应该”说得太多时，反而说明他有动摇心理。

3.“听说”“据说”“听人讲”——这种人见多识广，但决断力不够，说这句口头禅是为了给自己留有余地。很多处事圆滑的人，也喜欢用这类口头禅。

4.“可能是吧”“或许是吧”“大概是吧”——喜欢用这种口头禅的人，自我防卫意识很强，轻易不会将内心的想法暴露出来。待人处事非常冷静，所以，工作和人际关系都不错。这种口头禅同时也含有以退为进的意义。事情一旦明朗，他们就会说：“我早预料到会这样了。”

5.“啊”“呀”“这个”“嗯”——当一个人词语有限或反应慢时，常会利用这些口头禅作为间歇。所以用此口头禅的人，多数反应比较迟钝。但也会有骄傲的人平时怕说错话，需要时间来间歇思考，也会使用这种口头禅。

三、几点建议：

1. 在进行某项工作时，如果你事先感觉有问题，要主动地向上司提出，并提出切实有效的解决方案。

2. 上级可以越级向下布置任务，但接受越级布置下来的任务时，由于处在接受任务的岗位，所以要先告知直属上司，再向上汇报。

3. 对于日常生活中的一些琐碎小事，完全不必过于认真，赞美与欣赏他人，这只是人际关系的点缀与润滑，而能够真诚地赞美与欣赏他人，则是自己的一种美德。

◆ 职场要走上坡路

作为职场新人，对第一份工作的薪资不要过于计较，要将眼光放的长远，抱着学习的心态，才会有更美好的未来。更重要的是，当你拥有了正确的工作观，继续在职场工作时就会扬长避短，学习别人身上的优点，警惕别人身上的缺点，第一份工作会让你受用无穷。

一、当我们面对工作有所调动时，请扪心自问：

提问 1：换工作的念头每天都会在你脑中盘旋吗？

回答：如果是一时冲动或处在情绪低潮，那只是三两天的问题，是不会让你每天都想着换工作的。

提问 2：我喜爱现在的工作吗？

回答：每个人都希望找到一份自己喜欢并适合的工作，所以很多人找工作的前提就是以自己的爱好为准。当然，这不是一件容易的事。如果你能认真、宽容地对待现有的这份工作，每天早起和工作时脸上都带着微笑，那你可真是一个幸运的人。如果事实如此，为什么还要拿这种幸福去做未知的冒险？记住这句格言，“做你喜欢的事，钱会随后而来”。

提问 3：如果换一份新工作，一切努力都将白费，你能做到从零开始、重新来过吗？

回答：开始一份新的工作，不管是工作本身还是你周围的同事、工作环境，也许一切都要重新开始培养，从陌生到熟悉是一个不断需要磨合的过程。如果你个性比较鲜明，自我意识比较强烈，那么你可能很难快速融入这个新集体中。你被淘汰的概率也会相应加大。

二、做出最终的决定之前，再问自己两个很关键的问题：

1. 这个决定与自己未来的人生目标是否越来越接近？

2. 我会因此而活得更快乐、充实吗？

如果你已经心坚如铁，准备换工作，那么，在寄出履历表之前，请再反问自己几个问题：

1. 我真的希望从事这样一份工作吗？

2. 这项工作职务需要哪些技能和专业知识？这些我都具备吗？

3. 我将要进入哪一个行业？它是我所熟悉的吗？从哪里收集到以上资料？

4. 在专业知识和技能上，如果还有不足之处是否需要再进修、学习？

这样，你就会对自己做出正确定位，明白自己想做什么、适合做什么，如果不是很清楚，就需要多花一些时间来思考这个问题了。大部人只是为了换工作而换工作，这种转职念头是非常危险的。当你知道自己到底想要的是什么之后，就该想办法弥补自身的不足，加强自身的竞争优势。

◆ “鸡头”还是“凤尾”

在职场上，很多员工都会遇到当“鸡头”还是做“凤尾”的选择。

有些人希望按照自己的意愿去发展，不受别人的限制，所以选择当“鸡头”，而有人选择做“凤尾”，是因为这样可以站在巨人的肩膀上，学习更多的经验，从而更容易取得成功；还有一些人认为，当今社会竞争日益激烈，应该以大局出发，顺应时代的潮流，淡化“鸡头”“凤尾”的观念，以追求利益最大化为首要条件。

实际上，不论在“鸡头”“凤尾”二者中选择哪一个，都反映了当下人们两种截然不同的观点——就业与成才，同时也体现出了就业者所处的两种不同位置。

当然，这只是一种世俗的眼光，对一名社会工作者来说，能够树立正确的个人发展观才有利于自己的长远成长与发展。

常言道："三百六十行，行行出状元"，每一个不同的行业都有其自身的特点，都可以培养出不同类型的人才。每一个行业的工作环境与薪酬也都不尽相同，但作为一名成熟的社会工作者，应该以一种积极的心态和理性的思维全身心地投入到所从事的工作中，做出自己应有的贡献，获得最大的成功。社会作为一个有机整体，其分工是多方面的，对工作人员的能力要求也有高低之别，不应以单一的标准来衡量自己所处的环境或状况，更不应将自己所从事的工作用"鸡头"或"凤尾"来区分。因此，摒弃世俗观念，树立正确的就业观与成才观才是我们的共同选择。

一、审时度势而后定夺

世间万事万物都是相对存在的，所以任何事物都有两面性，当"鸡头"或当"凤尾"也不例外。当"鸡头"，可以拥有自主权，说话"算数"，能够按自己的意愿办事，不受别人的拘限，让自身获得成就感。但是"鸡头"同样也有"觅食"的任务，也有压力，要在市场竞争日益激烈的环境中觅得"口粮"也确实不容易，随时都有"挨饿"的可能，也随时都有"被宰"的忧虑，一不小心就会在竞争中败下阵来，甚至连生存的机会都没有。

俗话说："大树底下好乘凉"，当"凤尾"，虽然没有决策权，当不了"舵"，无法控制船的行进方向，但好在船大抗风浪，不必每天为了生存问题而担心，"找食"的压力相对会小一些，同时当"凤尾"的自豪感会强一些。当然，此时做"凤尾"并不等于永远做"凤尾"。只要有本事、有能力，总有机会飞上枝头变"凤翅"甚至"凤头"。做"凤头"与做"鸡头"是不可同日而语的。

但是，具体到每个人应该做"鸡头"还是当"凤尾"，就要根据具体情况具体分析了，不可一概而论。如果这只“鸡”觅食能力很强，有向“天鹅”甚至“凤凰”发展的势头，自己又获得了很好的回报，那就应该选择当“鸡头”。如果这只“鸡”奄奄一息，苟延残喘，连活命都成问题，那还不如去当“凤尾”，毕竟生存才是最重要的。正所谓：“生命才是革命的本钱。”

二、先“凤尾”而后“鸡头”

大多数中国人的择业原则都是“宁当鸡头不为凤尾”。然而，在职场上，每个人都应该先做“凤尾”，再做“鸡头”。

要想发展得更快、更好，就需要有一个较高的起点，所以先做“凤尾”。在那些成功的大企业里面锻炼学习，不断吸取他们经营管理的精华，了解他们内部的运作模式，可以说，在大企业里工作，即使是做个最普通的小职员，那也是站在巨人的肩膀上，起点高，看得远，能学到更多成熟且前卫的管理理念和工作经验。

当我们在大企业里将经营管理研习得差不多时，作为“凤尾”就应该及时把握住机会转做“凤头”，去做自己喜欢做的事情，按照自己的想法意愿去发展自己的事业。此时，因为你有以前做“凤尾”的经验，办起事来显得成熟稳重、胸有成竹，从而更容易成功。如果一个人没有做“凤尾”的经验而直接做“凤头”，那失败的可能性相对就会大得多。

◆ 保持一颗平常心

职场中的起落沉浮是常有的事，不要太在乎一时的得失。很多时候，只要把心放宽一点，那些所谓的事业低谷便不复存在。

一、下山是为了上山

有个年轻人，大学一毕业就进入一家大型公司，没几年，就被提拔为市场部经理一职，薪水丰厚、前途光明，可以说是春风得意、年少得志。然而，有一天公司高层出于战略策划调整的考虑，把市场部撤销了，经理也在一夜之间沦为一个普通的业务员。

大家一样，拿的都是底薪加提成。

由于工作上的变动，他对工作再也找不到以往的热情。一天傍晚，他下班正想离开时，被总经理叫住了，并开车把他带到郊外的山脚下。两人开始爬山，等爬到山顶时太阳差不多都已经看不见了，只留下一抹余晖。

他正在心里琢磨总经理今天怎么这么有兴致时，总经理突然指着远处的一座高山问道："你看那座山跟这座山哪个更高大些？"他不假思索地答道："当然是那座山了，全市第一高峰嘛！"总经理缓缓地点了点头："那么如何才能到那座山的山顶上呢？"他怔了一怔，过了半晌才说："先下这座山，再上那座山。"总经理回过头来笑道："看来你还是很明白这个道理的嘛！有时候人往低处走也不完全是坏事。"停了一停又道："你一定很希望我把你直接放在销售经理的位置上吧？销售和市场，其实也是两座山，除非你是天才，能直接跳过去；如果不能，那还是一步一步走过去比较实际。并且，我希望你不要把眼光仅仅局限在这两座山上。记住，远处还有许多更高的山等着你去征服。"

年轻人的内心被震撼了，扪心自问，他觉得自己在做销售方面，确实欠缺许多东西，例如经验和知识，这都有待积累。他暗暗打定主意，从明天开始要重新找回自我，找回工作的激情。一年后，由于业绩突出，他回到了经理的职位，只不过这次是销售部经理。三年后，他又成为总经理助理的不二人选。

二、摆正自己的位置

有个年轻人大学毕业后应聘到一家大公司做主管。领导很赏识他，每月给他的薪水很多。对此别人都很羡慕，他也很感激领导的知遇之恩，于是便竭尽全力地为领导做事。他除了做好自己的本职工作外，还努力帮领导搞营销策划，为公司赚了不少钱。领导也并没有亏待他，他的薪水加了又加。

后来公司人员调整，有了一个部门经理的空缺。公司的同事都说这个位子一定是这个年轻人的，而他也认为这个位置非自己莫属，因为他的努力是大家有目共睹的。可是名单公布以后却出乎大家的意料，接任的是另外一个各方面都比不上他的员工。这个年轻人有点受不了，他非常伤心，工作情绪也一落千丈。他觉得无论自己付出再多的努力，领导也不会领情。

后来因为情绪的关系，甚至影响到了他自己的正常工作，领导已经警告过他，让他以后要注意了。对此他很烦恼，便找他的好朋友诉苦。

他的好朋友听了之后对他说：“其实很简单，你只要想到自己只是一个打工的，而领导就是领导。在领导眼里，你所有的努力都是应该的，如果你不是这样努力，凭什么拿这样高的薪水呀！”听朋友说完，这个年轻人便低下头沉默不语。

第二天这个年轻人打电话告诉他的好朋友，说他已经想通了。

想通之后，所有的坏情绪便都烟消云散，于是他还是和以前一样努力工作，不再去想职位的问题了。几个月后，领导任命他做了一个更为重要的部门的经理。

后来领导告诉他，其实上次的那个职位自己原本也是想用他的，可是又考虑用他会大材小用，以后还有更重要的部门可能会更需要他，所以就安排了别人。他顿时恍然大悟。

他对好朋友说："谢谢你，听了你的话，不但使我得到了一个职位，更让我懂得了在职场上如何摆正自己的位置。"

我们在实际的工作中是否遇到过类似的问题呢？如果是，请你想想这个年轻人的故事吧。

◆ 环境妨碍了你吗？

人要学会为自己负责任，不管外部环境如何，都要对自己的工作负责！

如果不断地找借口转换工作，这对问题的解决丝毫没有好处，只会是对生命的浪费。你唯一能做的，就是做好自己分内的事，对自己的过错要勇于承担；在错误中成长并成熟起来，从而不断地改变和完善自己。只有这样才能进步，才能为别人提供方便。

约翰因对原工作单位的氛围不满意，离职来到一家著名的跨国公司应聘。面试官首先问的问题就是："你为何离开原来的工作单位？"约翰直率地回答："由于原公司的工作氛围不理想，影响了我的工作热情和动力，希望换个工作环境，从而能够通过环境的改变来发挥自己的实力。"最终，这家跨国公司没有聘用他。

后来，约翰又相继应聘了不仅包括跨国公司、也包括小型企业在内的几家公司，结果都是无功而返。出现这样的情况，约翰百思不得其解。自认为能力优秀的他，不能理解自己为何屡遭各个公司的拒绝。因此，他找到了自己的好朋友，并向他询问原因。

所谓当局者迷，朋友在得知面试官询问的问题以及约翰的答案后，立即明白了他被拒绝的原因。朋友明确地告诉他，他的问题并不在于工作能力和自身的实力，而是在于他对离开原公司的原因总结。

朋友说："因为每当工作出现问题时，你首先想到的就是把责任归到环境身上，归结为工作氛围对工作热情的影响，而这样恰恰说明你自己适应环境的能力差，反映出了你对环境及公司氛围的融合度还不够。而且，对于你离开原公司，你也从不试着从自己身上寻找原因。如果你能意识到责任就在自己身上，那么你所采取的办法就是：改变自己来适应环境，而不是选择离开原公司去逃避环境。"

通过上面的例子，我们可以看出，当工作或生活产生尴尬的境遇时，人们很少自我反省，而是常常抱怨，都是环境或别人对自己不好造成的，所以就想借着换个环境或抱着结交新的朋友的想法，来改变现状。然而，人际关系的不顺畅或职场的不如意，责任究竟是在自己还是在别人。如果原因出在自己身上，只有改变自己，才能解决问题。否则，不断地转换工作或认识新朋友只会浪费自己宝贵的生命，对问题的解决丝毫没有帮助。这样下去，最终结果只会是一事无成，每天懊悔不已，甚至抑郁终生。

是你去适应别人还是要别人来适应你，这是一个值得深思的问题。

在生活中，由于我们自身的缺点或错误，人们可能会对我们产生误会，甚至偏见。只要我们牢牢抓住"虚心地接受大家对我们的建议，认真改过"这一点，就没什么大不了的。当大家看到我们自身的努力和变化时，自然会重新认识我们。对刚步入社会、参加工作不久的青年人尤为重要。当然，对我们任何一个人来讲，这都是一个普遍存在的问题。

我们每个人都工作、生活在一个复杂的人际环境中，做每件事情都要和包括亲人、朋友、领导、下属、同事、合作伙伴甚至竞争对手在内的各种各样的人打交道。老话常谈，无论我们做什么事，都必须以负责的态度来处理，才能得到别人的支持和合作，才有可能把自己的事情做得更好。

每个人都要学会为自己负责！只有这样才能进步，为别人提供方便。如果要大家来适应你，都来为你改变，这可能吗？任何人都没有权利要求别人这样做，别人更没有这个义务。我们要改变自己错误的思想方式、行为习惯，不论是为了在某个组织里能够很好地待下去，还是为了适应这个社会而生存得更好。这样做，能得到最大利益的终究还是我们自己，难道不是吗？

莎士比亚曾说过："聪明人永远不会坐在那里为他们的损失而哀叹，而是情愿去寻找办法来弥补他们的损失"我们一定要牢记这句话，做到身体力行。

我们每个人对自己的未来都要有一个负责任的态度。对以往疏忽的代价，我们要勇敢地承担。让我们从现在起，用负责任的态度去生活吧，不只是为了不被淘汰，还为了"我一定赢"！

第七章 接受批评不抱怨，减少失误是关键

既然上司已经开口训斥了，还是干脆地道歉吧！这才是一个乖巧聪明的下属应有的态度。当别人指责我们的缺点和错误时，我们要学会自我反省，这样才能使自己的素质提升，才能成为一个有内涵的人。

◆ 挨批评是做下属的基本功

作为下属，当我们挨批评，或受到上司的警告、指责时，心里都会感到不舒服。尽管上司训斥下属是很正常的事，可还是会对此产生抵触情绪，从而影响到你和上司的关系。一切根结都是心态问题。不论是强者还是弱者，都不要因别人的责骂而扰乱自己的心情。应该经常保持弹性、保持冷静，在挨批评的时候，只要低头承认错误就没事了。

既然上司已经开口训斥了，还是干脆地道歉吧！这才是一个乖巧聪明的下属应有的态度。当别人指责我们的缺点和错误时，我们要学会自我反省，这样才能使自己的素质提升，才能成为一个有内涵的人。聪明的下属，都懂得如何面对挨批评。

当我们受到不同程度的批评时，心态也会相应地发生变化。那么，具体应如何一一应对呢？你需要掌握以下几条原则：

一、学学乌龟哲学：

在对待批评这件事情上，我们的态度不妨参悟一下乌龟的自卫方式。

人所共知，当乌龟受到外力刺激或攻击时，便会把头和脚缩进壳里，从不回击，直到所受外力消失，它认为已经安全了，才会把头和脚伸出来。

如果恰逢上司处在气头上，就更要把自己当作一只乌龟，缩起自己的冲动和愤怒，任由他指责和批评，直到结束。听起来，或许显得有些懦弱可笑，但作为一名下属，从摆正心态的角度来看，却是不失聪明和正确的最佳方式。

二、认真、正确地对待批评

一般人不会把批评和训斥当成自己的爱好，因为这些很容易招致坏心情，并且伤和气，上司也不例外。因此，当他提出批评时，通常都是经过深思熟虑的，谁都不愿意无缘无故地与人翻脸。他的训斥从一般角度考虑，不论是对是错，肯定是有其原因的，都表明对你的工作有这样或者那样的不满。所以，当被责骂时要以正确的心态去认真对待，然后自我检讨改正错误。

从另一层面来看，上司训斥下属，可能存在两个问题：一是职权，二是尊严。倘若你不认真对待他的训斥，只是左耳朵进右耳朵出，事后依然按部就班毫无改进，其后果也许比直接顶撞更要糟糕。那样做只会让上司颜面尽失，觉得你根本没把他放在眼里。

一名优秀的员工，应当尽可能地以谦逊和虚心的姿态来接受上司的批评。同时还应注意，眼神不可四处乱瞟，要让上司认为你在认真地听他训话，切不可让他觉得你“身在曹营心在汉”或是对此不屑一顾内心不服。

假如上司的训斥中，有你能当即领会的教训，最好在他训示结束后，将所犯错误一一复述，并尽可能地说明应对策略或改善方法，真诚地向他寻求指导。若有机会，事后也可对他的训示表示由衷的感谢。

身为下属如果能够认真地接受教训，以一颗感激的心去寻找解决或改进的方法，不枉上司的“一番苦心”。这对上司而言，无异于是最高兴的事。这样即使你真的犯了错误，上司也会觉得“孺子可教也”。因为在这一瞬间，你让上司深深地感到了他自身价值的体现，并满足了他的尊严和职权感。

三、对待批评不要不服气和牢骚满腹

下属愿意听上司“训斥”是对上司信服和尊敬的最好证明。如果你对此怨气冲天或不屑一顾，只会将你和上司的感情距离拉大，关系越来越恶化。

其实上司的训斥同时也含有忠告、警示和激励的隐含意味。对此也可看作是对你的一种积极鞭策和正视。试想，如果一个上司眼中没有你，又怎么会发现你的错误呢？他也可能是想通过训斥的手段促使你的工作能力

提高。假如下属在面临上司的训斥时，显出一副很不服气的态度，私下里又牢骚满腹，这样做不仅无法领会上司的苦心，还会招来上司的嫌恶，对自己百害而无一利。

换个角度来讲，即便上司对你的批评指正不含有什么其他意义，只是再平常不过的一次训话，你也可以通过合适的处理方法，好好利用它。通过它走进上司的视线，让它成为你受上司关注的“导火索”。这些方法所带来的后果总比对此不服、发牢骚，招致上司的厌恶要好吧。

四、切记不要当面顶嘴

当我们在公共场合受到上司的批评指责时，觉得难堪是在所难免的。特别是在毫无道理可言的情况下。在众目睽睽之下，为了自己的面子，你可能会失去理智，反驳上司的指责以证明自己的无辜。这样逞一时之快的“英雄”壮举，虽换回来了同事的一丝同情，却会令上司恼羞成怒，最终倒霉的还是你自己。

俗话说“忍一时风平浪静，退一步海阔天空”，只要把上司的一顿责骂当作是一阵龙卷风，大风过后自会平息，你又不曾损失什么，何不审时度势，用正确的方式去对待。一名合格的员工必须学会控制自己的情绪，理智地对待问题，特别是在上司面前。

换位思考，这种情况下，被当众批评你都觉得下不了台，如果你当面与上司顶嘴，上司只会更下不了台。如果你能在上司大发雷霆时给足他面子，至少能够说明你是一位有气度、成熟稳重，而且有内涵的人。只要不是上司存心给你小鞋穿，事后他冷静一想，自会反思，而你所表现出来的不卑不亢自会给他留下难以磨灭的印象，他一定会心存歉疚。

五、不要把批评看得太重

神马都是浮云，何况批评乎！经常有这样一些员工，受到上司批评后，就像漏了气的皮球——瘪了，充满悲观厌职的情绪，犹如世界末日即将来临一般。他们错就错在把上司的批评看得过于严重。

事实上，在工作中受到一两次批评是很正常的，并不代表自己的前途就葬送了，更没必要产生悲观厌世的心理。批评主要针对的是你所犯的错误，除非上司对你有偏见，大部分的领导都不会针对员工个人。

上司的本意是想通过批评，让你意识到错误的本质，避免以后再犯同类错误，而不是认为你样样都不行，对你进行人身攻击。如果你受到一两次批评就萎靡不振，就会让上司瞧不起你，认为你是烂泥扶不上墙的人，今后也就不可能再相信和提拔你。

六、受到批评不要急于争辩

当上司批评你时，不要着急争辩，应该冷静下来想一想自己是否真的有做得不对的地方。假如你仅仅是为了不受批评，当然可以和上司争辩到底。可是，一个把上司搞得精疲力竭的人，又何谈升职加薪呢？

美国西点军校里有一个悠久传统一直被人广为传诵，就是碰到军官问话，只有四种回答："报告长官，是！"、"报告长官，不是！"、"报告长官，不知道！""报告长官，没有任何借口！"除此之外，不能多说一个字。如果军官问你："为什么少系了一枚扣子？"假如你试图解释："哦，刚才时间太急了。"如此回答得到的只能是一顿批评。军官想要的只是结果，而不是喋喋不休的争论或辩解！

一名优秀的员工，在碰到上司的批评时，也要清楚这一点：上司看到并看重的只是结果，他没理由也没必要听你阐述导致这个结果的过程。

作为一名职员，执行工作任务没有任何借口。不管做什么事情，都要记住自己的责任，不管在什么样的工作岗位，都要对自己的工作负责，工作就是不找任何借口地去执行。当然，话也并不能说得太绝对。假如：确有冤情，确有误解，怎么处理？

也许你真的认为自己没有必要接受批评，此时，可以表示出遗憾的立场，但这和认错却不能同日而语，这只是一种礼貌，却能显示出你的涵养和体谅别人的风度。此外，你可找机会讲明，但应点到为止。即便上司没有为你“平反昭雪”，也大可不必纠缠不休，由于时间可以证实一切、努力可以改变一切。

一个智慧的员工，遇到上司批评时，要做到“不以物喜，不以己悲”，时刻保持弹性，沉着冷静，理智对待，巧妙处理，反而能使自己的某些方面得到提高。

道高一尺，魔高一丈。面对不同类型的上司，要使用不同的方式方法去对待，学会审时度势，灵活应对，才能立于不败之地。

在办公室里，你是否对这样的经历很熟悉：

当你把一份竭尽所能制作的工作计划具体地向上司汇报时，上司却显得很厌烦，对这些具体行动漠不关心；或者当你简明扼要地汇报一项工作时，上司却责怪你没有讲明其中细节，甚至追问一些细得显得琐碎的问题。究竟是什么原因呢？

事实是，你犯了一个错误：

没有弄清上司是一个只注重结果、掌握大局的人，还是一个同样看重过程大事小事皆不放松的人。对于前者，他会认为促成这个结果中的所有琐事都是你应做的基础工作，他只要结果；而后者，除了在意你的结果外，还会注重你的工作细节。假如你能早些了解上司的处事风格与自身相关的信息，你们的合作就会变得痛快许多。

◆ 不同的上司，分别对待

在工作中，难免会与上司接触，产生摩擦也是情理之中的事情。但我们要知道，上司同我们一样也是个普通人，也有着七情六欲，也有他自己的性格特点，如情绪、脾气、爱好等。如果掌握了上司的性格特点和处事风格，采用适当的应对方式来与之相处，是否能成为与上司相处的和谐的方法呢？

针对这一问题，我们进行了一项调查。在调查中我们发现，优秀的员工总能交上满足的答卷，无论面临什么样的上司，总能拿捏得当，迎合上司的处事风格。这说明，这些员工已经摸透了各种类型上司的处事风格，所以才能够从容应对。

具体来说，上司的个性可以分为七种不同的类型，每一种类型都需要员工用相应的方法去区别对待：

一、优柔寡断型的上司

在职场上，这种上司并不是很多，却能让你真正体会到“左右为难”的滋味，由于这种上司经常改变想法，朝令夕改，让身为下属的你不知所措。

碰到这样的上司，当他向你征求意见或一块讨论方案时，不妨顺着他的个性，多说几种可行的方法，或多个方面的建议。假如，他问你某个工作草案是否合适时，由于个性的原因，心里老是不自觉地存在对草案的质疑。你就可以多找一些批评性的建议，来供他参考，反正最终决策权在他，你又不必为此费心。

作为这种上司，也会常常遇到头疼问题，当他还举棋不定的时候，你不妨适时地在基于自己正确判定的前提下，替他做出决定，帮他从焦头烂额中走出来。但是，切记这种问题必须是无关紧要的，与工作无重大关系的，且能肯定上司会对你所做的一切而感激你，否则，这种自作主张会对你的前途造成致命的影响。

不过，对于他反复无常的行事作风，聪明的做法就是什么都遵照他的吩咐想法去做，既然我们做好了"随时改变"的心理准备，凡事未到最后期限，就不必切实执行，比如做企划书，可先做好草稿，再根据情况随时填减，就比较明智。因为，你不敢保证在计划书马上就要做完的情况下，上司不会溘然改变想法，对你的计划大加改动，甚至全盘否定。

二、性格急躁型的上司

有这样种一种上司，天生脾气急躁，情绪容易失去控制。他们经常为了一些鸡毛蒜皮的小事而大发雷霆，更有甚者，在办公室内公然责骂下属。或许你也碰到过这种类型的上司，他们莫名其妙的训斥时常让人感到难堪。

根据心理学的推断，经常让下属感到害怕、惊恐的上司，是因为他心里的权力欲在作祟。请他去看心理医生这是不可能的，可以做的，就是自我保护了。

常言道："我惹不起，还躲不起吗？"在这种上司面前，说话要尽量简朴、诚恳，不要啰唆、推诿，因为不知哪件事就会牵动他易怒的神经，尤其是在他工作繁忙的时候，尽量不要去打搅他。

对待这种上司，我们要学会冷静。当他大发雷霆时，不要试图推卸责任或解释，应冷静地说："我会注意这些情况的"或"我马上去调查清楚！"然后离开办公室。目标一消失，他想呼啸也找不到对象了。

假如不能当即走开，就做“鱼肉”，任他“刀俎”吧。相信，只要言语不是太恶劣，作为一个职场中人，这点忍耐力和乐观心态还是有的。

当他火气渐渐退去，慢慢冷静下来以后，或许会对刚才的失控而对你心存歉意。

对于这种上司情绪激烈的表现，有一点你需要明白：这往往只是一种本性在作祟，并非是针对某个员工的故意打击。不要由于他一次火爆的指责，就觉得深受打击，一蹶不振。其实，他对每个下属可能都是这样的。

三、极权型的上司

极权主义的上司除了对下属的工作非常挑剔外，最令人受不了的就是他们会如暴君一样，连私事也要过问。比如不许你与其他部分的同事交往，不许下班后去上补习课，不许你在业余时间与同事一起消遣……这种上司往往是权力欲极重的人，有极强的控制心理，他不但要下属在工作时听他的，还要下属在非工作时也听他的。通常这种上司也是一个比较强硬的人。

对于这样强势的上司，你一个人难免显得势单力薄，聪明的做法是联合其他同事，一起同仇敌忾，应对上司。

工作方面，你则要注意细节，尽可能地做到完美无缺，不给上司“鸡蛋里挑骨头”的机会。时间一长，他发现在你身上找不到可以吹毛求疵的机会，自然感到无趣，便不会再找你的麻烦。

在个人私事的处理上，碰到有其他部分的同事邀约共进午餐，答应赴约，并与你的拍档们一起去，大家于公于私，都可互相交流，促进。要是被上司知道，向你查问，可以直言不讳：“我们一起吃午饭只是普通社交。”其他方面，只要不是在工作时间之内，如果他对你的私事横加干涉，你完全可以委婉地表示自己的立场：“这是我的个人事情，不必劳烦领导操心。

我会独自处理好的。”

四、懒散型的上司

遇到一个即懒散，又好争功的上司，作为下属通常会感到不服，心里憋气。但要就此打退堂鼓，另谋他职，也不是什么好主意，而且换了新工作，一切都要从头开始，换言之，一遇到难解决的问题就退缩，这样没有坚定意志力的人注定难以成功。

根据这类上司一贯的行事作风，在接到重大任务时，必定会不假思索地交由你去实施。在任务大功告成之时，他又会一手接过，向领导汇报邀功，将下属辛苦努力得来的成果据为己有，以此来获取领导的信任和赞赏。

身为下属，如果你当面揭穿他，跟他理论，这只会陷你于不利境地。比较聪明的做法是，在进行每一个环节的工作时，都有意无意地请来一个见证者，当然不能公开地去找。比如在助理小姐能看到的范围内进行，目的是要有人知道事件的前因后果，即便最终成果及功劳被上司夺去，但在公司里也定会有人晓得真相，如此一传十，十传百，你的目的就达到了。

五、工作狂型的上司

一听工作狂这个词，眼前就会浮现终日苦干，以工作为生活全部的画面。没错，当你遇到这样的上司，一定会终日眉头紧皱，因为在他心里，不断工作才是唯一的生活方式，每个人都应该这样。

这类上司不但把工作视为自己的生命，同时也是个理想主义者，所以，为他效力，无法有闲下来的时刻，也不会因此受到赏识。如果你想情况有所改变，可以先试着让上司明白，不断埋头工作，花掉私人时间，并非明智之举，也不是应该的做法。

好比，他交给你一项工作任务，要求你一周完成，并暗示你要加班才能做好。而你则可用自己的工作方式，既不加班，又提前漂亮地完成。一次这样，两次还是这样，长此以往，你即证明了自己的工作能力，又起到向他示威，告诉他还有更高效、更轻松的做法。假如他够谦虚、有见地，也许会坦然接受的。当然，他也可能表现得极端反感，但至少日后再让你加班时，不会那么理直气壮了。

假如你碰到了这样的上司，却又不能劝服他，不得不在他的“以身作则”下勤奋工作，也可以试着从心理上理解并接纳他们的做法，遇事不要一味排斥、发牢骚，以避免双方关系的恶性循环。其次，要多配合他的工作，尽到做下属的责任，争取成为他放心的好助手。假如你实在难以接受他的工作方式，也应大胆地表达出来，切记寻找合适的时机，运用得到的方法。毕竟，从好的方面来看，你可能会因此有更好的业绩。虽然是情非所愿，也非无功而返。

六、顽固型的上司

这类上司，要求下属必须依照他的方法去工作。无论你如何努力地向他解释自己的处事方法，他一概不听，只要你稍有忤逆便会令他暴跳如雷，令你心惊肉跳，紧张烦乱，无法积极工作。甚至为了逃避上司的“迫害”，而把辞职作为对抗的“武器”。这类上司就是典型的顽固型上司。

在这类上司手下工作，怎样才能改变或者适应呢？以下这些忠告，你可以耐心的学习尝试一下：

不要认为自己的处事方式和建议一定准确，在与上司谈话时语气要温顺，持客观态度，可多做让步。

在环境允许的情况下，尽量避免在办公室与上司发生激烈争论，可以在下班后约他到附近的餐厅或茶馆，在轻松的环境下，把你的看法委婉地提出来。

你要用心倾听上司的说法，避免抢先提出自己的意见，因为他也可能有难言之隐，要学习设身处地的替他人着想。

摒除成见，不要认为上司一定是个难缠的人，尽量与他成为好朋友。

七、管家婆型的上司

有些上司喜欢以“管家婆”的姿态出现，事无巨细，他全要过问，并插手去干涉，令负责执行工作任务的人员感到很苦恼。

这种上司已经到了过分独裁的程度，表面看起来很开明，鼓励“人尽其才，各就其位”的精神，但实际上他是一切工作幕后的操纵者。对他来讲，下属只是他获得某个成果的工具，他的意见就是命令。

遇到这样的上司，必定会时常感到精神紧张，很难在工作中获得满足感。要想与这样的上司融洽相处，首先要仔细想想，对方什么事情都要管，无论是间接或是直接的命令都要遵从他的指示来做，在工作期间，你是否获得宝贵的经验，从中收益良多呢？也可以尝试说服他，就算以你的方法来处事，所达到的结果也会像他预期的那样完美。假如他一意孤行，你只有两种选择，一是对上司唯命是从，二是向他递交辞职信，另谋发展。

不过，在你走最后这步之前，应当努力争取自己的权益，勇敢地对上司说出自己心中的想法，试着以朋友相待，看他究竟有什么难言之隐，以致老是对下属缺乏信心。

◆ 上司的个性与你息息相关

每个人都有自己的性格特点，每天跟你相处的上司也是如此，他的性格跟你的职场生活也是息息相关的。要想在事业上有所建树，离不开上司的帮助与扶持。而要想与上司搞好关系，对他们的个性必须要做到了如指掌。

正所谓知己知彼、百战不殆。上司虽然不是你的敌人，但道理是一样的。当你了解他们比了解自己还多的时候，你与他们的相处便没有任何障碍了。反之，即使你再有能力，如果不了解上司的性格特点，你的职场之路也必定举步维艰。

在职场上，经常可以遇到这样的员工，他们具有领导才能和良好的领导潜力，与同事相处也很融洽，但是却不能处理好与上级的关系。这其中，抛去一部分上司的原因，主要还是自己处理方法不够得当。

要与上司的关系融洽，你必须先了解上司的心理个性，做到知己知彼，才能运用恰当的方式与之相处。不了解上司的心理个性，就不能进行良好的沟通与情感交流，达不到情感的一致，就会产生不必要的矛盾。

感情与关系是密不可分的，上下级之间的关系，也不能完全脱离情感。只有双方在心理上理解接近与相互帮助，才会减少相互之间的摩擦与冲突。反之，情感差异越大，发生心理碰撞的机会就越大，从而影响正常的职业发展。

《战国策》中“触龙说赵太后”一段，能很好地说明这个道理：

战国时，新登位的赵王刚刚执政，秦国就忙着进攻赵国，形势十分危急。赵王只好向齐国求救，齐国说：“一定要用长安君来做人质，我们才会派兵援助。”

长安君是赵太后最疼爱的小儿子，让他去做人质，赵太后死活不肯答应。大臣们极力劝谏。最后赵太后公开对左右近臣说：“有谁敢再说让长安君去做人质，我一定往他脸上吐唾沫！”结果君臣关系闹得很僵。

此时，只有左师触龙愿意去求见太后。太后气冲冲地等着他。触龙见到太后避而不谈长安君的事，而是以饮食起居等有关老年人健康的事情作为话题，以此来缓解紧张的气氛，继而托太后关心一下长安君，从而引起太后与自己感情上的共识。结果太后不但喜笑颜开，还破例应允，主动谈起爱子的事情，君臣关系变得和谐、融洽起来。

这时，触龙见风使舵，加以利导，指出君侯的子孙假如“位尊而无功，俸厚而无劳”是很危险的，太后假如真的疼爱长安君，就应该让他到齐国作人质，以解赵国燃眉之危，为国立功，只有这样，日后长安君才能在赵国自立。

这番通情达理的劝导使太后幡然醒悟，终于同意长安君入齐为质。

试想，如果触龙不能把握太后怜子的心理，力劝不仅不能收到相应的效果，还有可能受到“唾其面”的侮辱。了解、认识上级的心理特征是为了更好地处理工作关系。你的工作需要得到上级的肯定与帮助，为了公司的共同目标，适时对上级进行建议和规劝是必要的，这些离开良好的心理沟通是无法奏效的。

当今社会，我们在工作中也要学会运用触龙的方法，与上级进行恰当的沟通交流，以到共同进步。下面四点是工作中需要注意的

一、服从上级领导，不要对上级采取反抗、排斥的态度

组织中最根本的原则就是：下级服从上级。通常情况下，上级领导的决议计划不可能全是对的，即便有时上级从全局出发考虑，与小单位的利益发生冲突，我们也要顾全大局，听从分配完成工作。更何况有些人明知上级的决策是正确的，只因与上级发生矛盾，就采取抗拒、排斥的立场，是更加不应该的。我们不能感情用事，失去理智。上级对工作的处理，不仅含有情感因素，更要求理智地看待问题。顶嘴、抗拒、排斥不是改善上

下级关系的有效途径。上下级产生矛盾后，下级最好能主动找上级沟通，即使是上级的工作有失误，也不要得理不饶人，死咬不放。及时地进行心理沟通，不仅会增加心理相容，更能让你把握好分寸，持谅解、支持和友好的立场。

二、敢于指出和弥补上级的失误，但要注意表达方式

上级拘于各种限制，做出的决策、制订的计划、实施指挥难免会出现失误。当发现领导的失误后，不能为讨上级欢心，投其所好，任错误蔓延，也不能怕惹上级不高兴，而静默不语。作为一名优秀的员工，应当及时指出错误，避免更大的损失。否则，任由错误蔓延，总有一天会祸及组织，而且还会连累自己。常言道："良药苦口利于病，忠言逆耳利于行"，但指出上级错误的目的是为了"治病"，能做到忠言不逆耳、良药不苦口岂非更好。指出上级的失误时，不要咄咄逼人，开口就说人家错了，要学会换位思考，上级的心理也不一定能承受得了，不妨采取"迂回战术"，这样收到的效果可能会更好。

还以触龙说赵太后为例，通篇都充斥在温和、友好的氛围中，没有逆耳之言，不用激烈的言辞，却成功地帮赵太后纠正了错误。他的批评方式值得借鉴。指出上级的失误不能用竹筒倒豆子言辞凿凿的方式，而要考虑如何才能让上级更好的接受。否则，指证完了，不仅起不到应有的积极作用，反而引起双方间的摩擦和冲突，就适得其反了。对上级的失误，还应提倡"补台"精神，不要站在旁边看笑话，尽嘲讽之能事，而要想尽一切办法帮助上级弥补缺陷。因为，这种消极的处事态度只会使上下级关系变得紧张。如果对上级的工作有什么好建议，可以及时提出来，但要注意不要使用胁迫性的口吻和方式，没有人愿意被胁迫。

三、学会换位思考，不要强上级所难

对下级关心、帮助、支持，这是上级分内的事。但是在人际交往中，特别是在与上级交际时，下级常常会产生非感情性的心理障碍，即不能设身处地考虑上级在实际工作中碰到的情况，而是脱离现实，主客的对上级提出要求，假如达不到，则进行“发难”。下级有下级的烦恼，上级也有上级的难处。假如能做到换位思考，就会理解上级的难处，体谅上级的苦衷，不给上级增加无法解决的困难。

四、交往要有耐性，要经得起“考验”

作为下级，难免要向上级提工作建议。在提建议时要有耐性。一般情况下，上级要比下级高明一些，但客观情况并非完全这样，在某些工作上，下级比上级更熟悉也是正常的。

范进中举时写的文章，主考官要看几遍才能解其味，这类事例在工作中也屡见不鲜。对某项工作的了解，下级比上级熟悉时，要取得上级的支持，就更要有不怕困难、不怕反复的精神。为了达到说服上级获取支持的目的，我们要不厌其烦地向上级反复表明自己的观点，逐步使上级了解新建议的内容的好处。有时，因为上级的不理解，还可能招致指责和批评，此时千万不能气馁，应克服困难，勇敢地坚持下去。假如缺乏坚持精神，就会半途而废，使美好的想法在困难中过早夭折，坚持下去，很可能会出现“柳暗花明”的局面。

在现代社会值得信任就等同于忠心。通常你投之以桃，别人也会报之以李。特别是在职场中，上司都希望具有忠诚品质的人员能为其所用。实际上，任何人都不能容忍或原谅别人对其不忠诚，尤以上司为甚。上司最需要对他忠心耿耿的下属。

从古至今，很多实例证明，不忠诚的下属往往会对公司造成莫大的危害，与其共事无异于养虎为患。试想，一个明智的上司又怎会对此类下属产生好感并愿意将其重用呢？因此，即使你学识满腹，勤奋肯干，如未能表现出对上司忠贞不贰，也很难获得重用与提拔。

很多管理者在挑选下属时，宁可要那些老实、讲信誉的人，也不愿要那些精明能干，却换过很多工作的人。虽然，这并不表明上司只挑选那些好控制的人，但至少证明他们最看重的是员工的忠诚度。

◆“对不起，下次不再重犯”

当我们受到批评时，无论对错都不要当面辩解。这是一种负责任的工作方式，不仅是给自己留有余地和发挥的空间，更是给上司留足面子，为以后的发展提供机会。事实胜于雄辩。用一种负责的态度，切实做好自己分内的工作，事实会说明一切。

一位如今已事业有成的朋友为我们讲了他在大学里的一堂课。那是他即将在日本上智大学毕业时，吉田教授给他们上的最后一课，要让他们各位牢记：挨批评的时候，无论对错都不要当面辩解。

到现在，他已经工作了许多年，这句话仍一直深深印在他的脑海里。他说，记得教授当时是这样解释的——无论对错都不要辩解！各位尽管立正站好，大声说出这样的话就可以了：“是的，谢谢指正；是的，对不起，下次决不再犯……”大家想想，即便真的不是自己的错，怒火中烧的上司也是听不进任何解释的。到最后，事情也会转变成“态度不佳”的过错，这样只会使事态越变越严重。盛怒中的“斥责”就宛如“齐发的万箭”。利箭迎面而来，千万不要认为自己没有错，就抬头挺胸努力辩解。各位要学会低头，让利箭全部掠过头顶，随风而去，不要害得自己万箭穿心。

试想，如果辩解的最终结果证明错在上司，那么，当众让上司泄气对各位也没有多大好处。换句话说，明明不是你的错，却还能立正站好，做到不当面辩解。了解内情的同事看在眼里，必然会对你的胸襟佩服有加。事后，等上司怒气消了，再找合适的机会跟上司说明："其实上一次……"上司了解之后，内心必然会想："嗯，骂错了，还能如此虚心受教，这是老练的员工才有的道德，又没有让我当众出丑，跟我辩解。等于欠你一个人情，好小子！"来日方长，在漫长的职业生涯道路上，上司自然会找机会设法补偿于你。你大可不必担心被误会，努力工作，时间将会证明一切的。万一真是因为自己判断错误，却还强词夺理，日后必定自食其果，可能要做许多事才能补救得回来。

我想，参加工作的人应该都遇到过上述的类似问题，或者已经有人经历过。这样处理类似的事情也是对工作负责任的一种表现。如上面所讲，决不可当面辩解，这样不论是对上司还是对自己都是有好处的。其实，在工作中有很多技巧，如果我们慢慢了解并能学以致用，就会使我们逐渐成熟起来，也是对我们美好人生的完善

通过调查发现，许多人都会在工作中犯类似错误。我身边就曾有这样一个人：

他在大学毕业刚参加工作不久的时候，有一天向我抱怨说，领导总不让他做重要的工作，他做的都是打杂之类的事。就这样领导还经常教训他，要他虚心学习，不要老犯那种低级错误。他说他再也受不了了，与领导争论了几次后，发现没什么改变，既然在这个地方发挥不了作用，不如趁早换个地方。我当时听了微微一笑，就对他说："先在那个公司待着，以后

不要再和领导辩解，专心做好自己的事情，你应该向他证明你有做好工作的能力；同时悄悄地学习领导和同事工作的经验、技巧。等你把本事都学会了以后，再理直气壮地离开也不迟。

大约一年以后，当这个人再约我出去的时候，我发现一切都变了。如今的他与我上次看到的已截然不同，脸上写满自信。他对我说，现在他已经不想跳槽了，因为他成了领导的左膀右臂，领导很器重他，给他空间让他发挥。他觉得浑身都是劲，生活很充实。我很高兴看到他现在这个样子。

我也希望有同样烦恼的人，不妨先听听吉田教授的话：不要在发生错误或起争执时，当面和领导辩解，低头做好自己的事，负起工作的责任来，再寻找机会澄清矛盾。

◆ 忠诚关系到品格问题

一个对公司不忠的人，很难得到欣赏与提拔。当你卖弄本事，偷偷地把自己公司的动作告诉别人，以表示自己有办法时，即便显示了你的才能，令他人得到了好处，别人也不会尊重你，只会窃笑：“这人最没城府，找他下手准没错。”

你可以能力有限，为人处事不够圆滑，有些诸如丢三落四的小毛病，但你绝对不可以不忠诚。忠诚是上司对员工的第一要求。不要自以为是，试图搞小动作，上司能做到今天的位置，又岂会是等闲之辈，你智商再高，手段再精明，在他丰富的经验阅历下你也只会“搬起石头砸自己的脚”——谁痛谁知道。

作为背叛游戏中的初级菜鸟，往往是从贪小便宜开始的。任何一家正规、资深的公司，再严密的规章制度，也会有漏洞。假如你是一个人品俱佳的人，千万不要这样做：趁人不备时，悄悄挂个私家长途；趁上司不在意时，悄悄地混入一张私票，让其签字报销；上班时，明明迟到，却在记录单上写下因公外出；更有甚者，当客户来访时，悄悄给你带来一份礼物，以报答你在业务往来中曾给过他的帮助支持，而这一帮助，正是以牺牲自己公司的利益为代价的。细雨无声。如果让这种“酸雨”淋了你的心，你就会慢慢地被腐蚀，走向无底的深渊。领导绝对厌恶贪小便宜的人。他会把它当作品质问题来对待，一旦对你有了这种印象，就会失去对你的信任。

一、向领导显示你的忠诚

上司一般都把下属当成自己人，但愿下属能够忠贞不贰地跟随他，拥戴他，听他指挥。作为上司最反感的就是：下属不与自己一条心，背叛自己，另攀高枝，“身在曹营心在汉”等。忠诚，讲义气，重感情不仅是一个人应具备的良好品德，更是一个做下属应有的品质。通常只要我们用实际行动来表示对上司的信赖与敬重，就可得到上司的赏识。

表示对领导忠诚的方式有很多，这里所讲的让上司觉得你可靠，并不表示要你拍马奉迎，而是让上司看到你对他坦诚相待。下面就是一个这样的实例：

杰姆，美国一家著名公司国际市场副总裁的一位助理，接到了一项紧急任务：根据领导的笔记，预备好业务进展的曲线图表。起草图表时，他留意到领导写道：“美元坚挺，则出口就会增加”。杰姆明白，事实恰恰相反。于是，便通报领导，告知已经纠正了这一错误。

领导感谢杰姆及时发觉了他的疏忽。当第二天向上呈报未出丝毫纰漏后，领导对杰姆做出的努力再次道谢。

二、忠诚于上司，你和公司才能双赢

商界有个经典例子，从反面论证了忠诚原则的重要。

有家公司对一家对手公司业务的红火感到忧心忡忡，却想不出制服对手的好计策。终于，良策有了！他们想方设想法地寻找关系，接近对手公司的一名仓库主管，让其暗中出卖贸易秘要。这个主管在金钱的驱使下，利欲熏心，把自己公司的库存数目、货品结构、价格策略逐一泄露。几经交手，商界风向大变，原先生意红火的公司，节节败退，最后元气大伤而倒闭。另一家快要倒闭的公司，却起死回生，反败为胜。覆巢之下安有完卵？这名主管最后也落得身败名裂的下场。

这种隐性的不忠诚，可以说是办公室的定时炸弹。一个具备职业道德的人，心里要有一条准则：可为与不可为。需要坚守的信条是：决不选择良心的堕落。

因此，你在做事时，要懂得站在上司的立场去考虑，对上级的指令与意见要真心尊重并全力以赴地去完成；对公司或团队要尽力去维护并确保形象，有时甚至需要你耐心地接受上级的冗长说教或无理责骂等。正所谓“疾风知劲草，板荡识忠奸”，逆境是考验一个人是否忠贞不贰的最佳时机。当公司经营产生困境或内部高层争权夺利的时候，你能坚守岗位全心全意为上司分忧解难，绝无半点临危逃跑或落井下石的行为，当公司恢复正常营运时，你的行为必会令上级敬佩并给予回报。即便上级将来另立门户，也会视你为左膀右臂，提拔重用你。

对上司忠诚，从某种意义上讲，就是对他的事业忠诚，就是以不同的方式为同一种事业做出贡献。忠诚最重要的体现是不以此作为邀功的筹码，主要表现在主动工作、极具责任心、细致入微地体察上司的用意。下级的忠诚可以使上级的成就感和自信心增强，可以使集体竞争力增强，从而让事业大踏步地向前发展。

在工作时，做好自己的本职工作，同时兼顾被漏掉的或别人不愿意干的活儿，在上司身边时更要做好小事。上司用人的时候，除了看能力，更看重一个人是否具有忠诚的品质。一个忠诚的人很难得，一个既忠诚又有能力的人更是难求。毕竟，一个公司中，需要决策的大事很少，而需要做的琐事却很多。一少部分人需要聪明加勤奋，绝大多数人却要靠忠诚和勤奋。

◆ 不小心得罪上司怎么办

在与上司相处时，难免会发生一些突发状况：你无意中得罪了上司，想要弥补；你在上司面前说错话，你很尴尬……当你遇到这些情况时，要想不立于尴尬难堪，束手无策的境地，就要了解一些常见情况的应对策略。

得罪上司之后，无论孰是孰非，无论从哪个角度来讲，都不能算是一件好事。只要你没想调离或辞职，就不可避免地陷入僵局，以下几种对策可为你留有回旋的余地：

一、不要把希望寄托在别人的理解上

不管何种原因导致我们“得罪”上司，通常都会想向同事诉苦。如果错在上司，同为下属，作为同事也不好表态，也不愿被卷入你和上司的争执中，又怎么能安慰你呢？如果错在你自己，他们也不忍落井下石说你的不是，更有居心不良的同事会添油加醋后反馈回上司那儿，加深你与上司之间的矛盾。

所以，最好的办法是，自己清醒地将事情的始末理清，找出问题的根本原因，再“对症下药”，利用恰当的解决方式，使自己与上司的关系重

新有一个好的开始。

存在于你与上司之间的矛盾必须消除，最好自己主动伸出“橄榄枝”。假如错在你，你就要有勇气去承认，找出造成自己与上司不合的症结所在，向上司解释清楚，表明自己会从中吸取教训，在今后的工作中以此为鉴，但愿得到上司的谅解。如果是上司的原因，在遇到较为轻松的场合时，以委婉的方式，主动将自己的想法与上司沟通一下，也可以以自己一时冲动或方式欠佳等原因，无伤大雅地求得上司的原谅，这样既达到了相互沟通的目的，又为上司提供了一个体面的台阶下，对恢复你与上司之间的良好关系非常有益。

二、利用一些轻松的场合表示对他的尊重

再开明的上司也非常注重自己的权势面子，都愿得到下属的尊重，所以当你与上司发生冲突后，最好让不痛快烟消云散，你不妨尝试在一些比较轻松的场合，比如会餐、联谊活动等，向上司主动问好，敬酒，表示你对他的尊重，上司自会明白，排除或是淡化对你的敌意，同时也向人们展示你的修养与风度。

上司也不是神，也有说错话的时候。当上司说错话时，你该怎么办？这当然没有一个一成不变的处理模式。对于怎么应对才好，要因上司的秉性脾气、场合，所造成的后果等多方面的因素来定。当然，在考虑应对方法时，你在公司里的地位及与上司的关系也应列在考虑范围之内。

假如上司说错的话，无论在什么场合，对你的利益和你负责的工作都影响不大，你大可采取揣着明白装糊涂的做法，假装没听见或没听明白。这样装聋作哑可以让你避免一些不必要的是非，也让上司免于尴尬和困窘的境地。

像上面所讲的假装没听明白，你可以表现出听见了，但对此感到一头雾水不明所以的困惑，要求上司做出更清晰的说明与解释，其实，这也是在提醒上司通过对你没弄明白的事进行说明，给自己刚才说错的话一个纠正的机会。也可理解为给上司架了一个梯子或提个醒儿的方法。

假如上司在自家说错话，其中没有“外人”的情况下，你也可揪住上司说错话的小辫子，指出错话并加以放大，然后开一个玩笑，这样，也能幽上司一默，拉近彼此的距离。当然，这么幽默是有风险的，一定要看准场合和上司的情绪，要避免踩上地雷，否则，可要自讨没趣了。

假如你正在和客户谈一笔重要的生意，但你的上司却从中插了几句可能会影响生意成功的不该说的话，这时，你该怎么办呢？

这可能是你在工作中碰到的一件棘手问题，其一，上司持有你在公司的职位升降和收入高低的决策权，其二，生意的成功与否直接影响着你的工作业绩和收益高低，所以你必须权衡轻重，巧妙应对，这时可让你斟酌的选择有：

1. 当即插话说明，借解释进行必需地纠正。

2. 提醒上司，让上司自己纠正自己的错误。

3. 给上司写纸条、使眼色、做手势，暗示上司纠正。

4. 不打断上司的话，事后自己在解释中再做声明和补救。

5. 事后提醒上司，当然让他决定怎么去处理。

最不可取的做法就是当众让上司丢面子或事后与同事谈论上司的错误，用嘲弄的语气使流言四处传播，并用贬损上司的话来证明自己的智慧和能力。纸包不住火，总有机会传到上司那里，对你的声誉和前途造成损害。

当然，如果你的上司刚愎自用，又缺乏自知之明和用人的度量，你也没必要绞尽脑汁去为他掩藏过错，你应认真考虑的也许是另谋高就，去找一个虚怀若谷的好上司。

假使因为你的能力强过上司，而遭到上司嫉恨，并隐隐露出对你的架空倾向时，你应该做的是：

1. 尽藏锋芒

尽管这很痛苦，但你应明白，要上司提拔你，可能要大费周折；但要上司消灭你，却不费吹灰之力。因此首先要懂得保护自己，防止锋芒毕露，待时机成熟再施展锐气，一鸣惊人，减少半路夭折的危险。

2. 人格感染

对上司的嫉妒，要淡然处之，不要针尖对麦芒，使自己的人格魅力得到充分发挥。人心都是肉长的，上司也会从中感受到你的善良的人品，纯朴的性格，会自觉抛却以前的嫉妒心理，双方关系融洽了，工作效率自然就进步了。

3. 服从领导

恃才傲物、才轻德薄，对上司说三道四，不服管教是某些才子的通病，这样的人上司自然视为眼中钉肉中刺，欲除之而后快。因此，服从领导，尊重上司，处处从小事做起，天长日久，上司自会察觉你的改变，使双方矛盾化解在无形中。

4. 和上司有福同享

很多时候，上司之所以嫉妒你，是因为作为下属的你取得了莫大的功劳，而他却一点好处也没有捞到，因此在面子挂不住。这时就需要你有舍得分享功劳的勇气，给上司某种心理补偿，让他得到平衡。例如，在很多企业的表彰大会，我们经常听到这样的发言："在 ××× 的指导下，我取得了成功……”

5. 正面交锋

如果你的上司实在不近情理，你的迁就和忍让无法消除其嫉妒时，就只有采用正面反击方式了，可开宗明义与上司摆事实、讲道理、论长短，也可越级上报，陈述情况，寻求上级支持与匡助。

◆ 帮上司撒谎值不值

在工作的过程中，有时候为了维护上司的利益，你不得不撒谎时，你该何去何从呢？又该如何面对上司期待又饱含压力的眼神呢？当然，假如这些假话仅限于拒绝某个不太受欢迎的电话，其结果当然无伤大雅。然而，如果发展到对工作失误的遮掩、避讳，尤其是有关公司账目、开销方面的事情，其结果就非常危险了。

明智的上司当然不会直接要求员工撒谎，但是，他们会委婉地暗示你。无论你对此唾弃也好，愤怒也好，办公室的谎话仍然如雨后春笋一般层出不穷。毕竟，办公室是一个布满竞争的地方，而谎言又常常是竞争的有力武器。

那么，假使上司一再暗示你必须为他或公司撒谎，你该怎么办呢？最好的办法是以静制动，视情况而定，把握分寸。假如情况非常严峻，你不妨主动捅破窗户纸，让自己不再那么被动。比如，你可以直截了当地问上司：“你是要我为你撒谎吗？”一般情况下，上司在看到你这种反应时会重新考虑自己开始所做的决定。即使他不愿放弃要求员工撒谎的策略，也会认为你并不是合适的人选。

如果上司仍然执意坚持让你撒谎，而你又不愿卷入是非之中，你不妨坦率地指出自己做不到，更不愿因此受到什么牵连。

如果这位上司还是不肯死心，你不妨根据公司的详细情况做出选择。假如你的单位是一家大中型企业，你可以到人力资源部门去寻求帮助。假如你的公司很小，恐怕就只有打掉牙往肚里咽—索性辞职吧，因为在这种情况下，你想投诉的人很可能会首先把你给开掉。

如果你的上司恰巧是个女性，你尽可按照管理学教科书关于领导者的定义去给她归类，也同样可以遵守或抗拒她的指令，还可以褒贬她的业绩。但她究竟又是女上司，你总不能和对待男上司一样，和她拍桌子怒目而视；也不能常常推杯把盏，称兄道弟。所以，和女上司相处更要讲究技巧。

假如你是位男员工，你应该做到这几点：

1．做个绅士。帮女上司拎拎包，干干重活，修修电脑，这能让女上司觉得你布满名流的气味，也让你自己觉得英雄有用武之地。

2．适当表达关心。你可以对女上司细心一点，友善一点。比如，在她的生日送份小礼物以示友情，她定会觉得你很有绅士风度。相反，要是给男上司送礼物，他一定会怀疑你另有企图。

3．注意把握分寸。究竟男女有别，在不少事情的处理上应格外注意，有良多只有同性间才能开的玩笑，千万不要用在异性身上，尤其是女上司身上，否则后果不堪设想。还要切忌肢体语言过于丰硕。

4．坦诚相待。女人都是非常敏感的动物，即使是女上司也不例外。所以，女上司有时在视野上不够宽阔，作为下属的你发现问题后不要视而不见，适时地告诉对方，只要方法适当，对方不会气愤。

假如你也碰巧是一位女性员工，那么你和女上司相处时就更要留意了，在办公室里千万别表现得比女上司更抢眼：

1．尽量穿得朴素些。色彩、款式千万不要罩住女上司的色泽。

2．少做出风头的事。风头最好让女上司去出，你做她的陪衬就可以了，尤其是个锦绣的陪衬。

3．一定要给足上司面子。如果你不肯给她留面子，女上司一定会对你耿耿于怀，而且可能会处处为难你，让你什么事也干不成。

4．表现的可怜一点。大凡女人都喜欢疼人，你一副忍辱负重、不需人垂怜的样子，反而会激发她的顾恤之心。

很多时候，一个上司惹人讨厌，并不是因为他工作能力不好而让人讨厌，而是员工个人的一种感觉。这种感觉的来源，也许是因为个性分歧、脾气不好，或是你无法认同他的行为。如果你遇到一个让你讨厌的上司，在苦恼之余，又该用什么立场和他相处呢？

如果你很讨厌你的上司，你当然不需要和他有太深的交往，能避免接触就避免接触。但是假如对方是你的直接上司时，你平时的反应千万不要太过激烈，更要避免正面交锋。因为你和上司发生的冲突多了，可能会让你对他的厌恶感加重，反而造成自己的心理负担。因此，为了使你今后的工作更见顺利，最好的办法就是就是“保持距离，以求安全”。

以下就是基本的应对之道：

1. 不管上司多么让你讨厌，你都要尽量避免正面冲突。

2. 如果你和上司属于个性分歧，那就只进行与工作有关的接触。这样一来，非但不会有太多精神压力，还可以大大减少冲突的产生。无论在讨论、解说或会议场合，都只谈和工作有关的事情，除此之外的话题绝对少说。

3. 当你和上司正面相对时，一定要提醒自己尽量把表情放柔和，显得轻松一些。这样做的原因是，我们一般在面临自己不喜欢的人时，表情就会自然而然变得僵硬，很轻易让人看出你的心思。遇到这种场合，最好还是忍耐一下，修正一下脸部的表情，千万不要表现得太失仪。有时候一个温和的表情，能为你减少很多麻烦。

4. 在职场中，还有一种上司，他们对人际关系的敏感度非常低。也就是说，即使别人不喜欢他，他也绝对感觉不出来。他从来不会从自身寻找原因，只会认为“人际关系做不好的原因，一定是由于没有和人贴心贴腹地谈谈心”。

结果，他们反而喜欢经常找别人一起去饮酒吃饭。

当你遇到这种情形时，假如马上毅然决然地拒绝，不但过于粗鲁，上司面子上也会下不来。那么，最好的方法就是拿时间做借口，告诉他：“抱歉啊，由于我已经和朋友约好了，所以只能停留到七点。”这样，他就没有机会说更深入的话，只能就事论事地和你谈工作了。

第八章 效率低下不抱怨，找对方法是关键

你的工作效率不但决定着薪水的高低，也往往决定着今后的命运。如果你不想被人替代，一定要在速度上超越别人。一个工作效率极高的人，是不可能被替代的，因为他能够为企业创造更多的价值。

◆ 效率低的原因

让我们为所在公司的办公室做一下检查，你会发现每个办公室都存在着效率低下的现象：传真机无法正常工作、文件摆放杂乱无章或是丢失、办公室里人来人往使人根本无法集中精力高效工作……这并不奇怪，而令人惊讶的却是，许多公司只是被动地适应这些情况而不积极地对它们加以改进。

检查一下你所在的办公室，看看是否存在造成工作效率低下的 8 种通病，然后再加以改进。

一、过时的技术设备

淘汰的计算机、打印机、软件和其他技术设备都将会使工作效率大大降低。比如，一名图形设计员，他使用的电脑性能低下，每次打开或保存一幅图像都要等待 20-30 秒钟；用低速网络的员工也面临同样的问题，网页可能打不开，甚至会造成电脑死机。

如何判断技术设备是否过时呢？一条通用的准则就是，如果你目前使用的计算机不能运行一套关键软件的最新版本，那么就需要进行升级了。你在新设备上的投资将会很快在提高的工作效率中收回来。

二、工作空间安排不合理

我们可以花上几天时间，对公司的工作方式进行仔细观察，找出由于工作空间安排不合理所导致的效率低下的原因。例如，桌面面积不够大，每次需要打开文件时，都得跑到别的房间去；电话离电脑太远，每次电话会议结束后你都要重新输入会议记录。

要使这些问题得到解决，通常只需要重新合理的安排一下工作空间，可能就是将乱堆的书本从桌面上移开或是多拉一根电话线这样简单。

三、效率低下的文件管理制度

文件管理杂乱无章所导致的直接困难就是无法及时查找信息，从而造成大量人力和时间的浪费。要解决这一问题，就要保证你和你的员工做事有条理，将必要的文件归档。看看是否需要增加文件柜，使所有的员工都能够容易地将文件归类，以便于查找。最后，可以将不常用的文件搬到储藏室去，使员工更加容易地找到常用的文件。

四、未加管制的信息流

随着社会的不断发展，电子邮件和移动电话等通信技术已在工作中被广泛使用，在为工作提供了便利的同时，也使得工作环境中充斥着新闻、市场信息、垃圾邮件和私人联络等。这些外来因素将会分散员工的注意力，使工作效率降低。

要想将这些外来的分散员工工作注意力的信息数量减少。你可将不用的电子邮件杂志退订，通过电子邮件过滤工具，将私人电子邮件与工作电子邮件分开处理。在办公室时关掉移动电话。只将电子邮件地址或是移动电话号码告诉相关的人。

五、组织拙劣的会议

经常召开不必要、没有重点的会议将会大大降低工作效率，打击员工的士气。在工作中，经常会发生这样的情形：员工们被召集起来开会讨论某个主题，结果会议时间拖得过长，却未能做出决定，或者是偏离了会议的主旨，未能的问题解决。

开会之前，我们先要看看这一问题能否通过打电话或是其他方式得到解决。如果确实需要开会，则要限制会议时间，用议事日程使会议不要跑题。指定会议主持人，其责任是在有跑题迹象时采取行动，使会议回到正轨。

六、低于标准的研究资源

依靠那些不可靠或是过时的杂志、网站、白皮书，甚至是其他一些不必要的资源将会使你付出更多的劳动，从而大大地降低工作效率。

只需要订阅那些员工真正会去看的出版物，鼓励员工使用那些更有价值的搜索工具。换言之，我们没必要订那些没人看的报纸和杂志，向员工提供高质量的网上信息或资料。此外，寻找那些可打印出来的信息，向可搜索数据库进行转变。比如，你的公司需要通过姓名、地址录等进行工作，那么你可以看一看能不能找到这类的光盘版，这样搜索起来就会非常方便快捷了。

七、干扰

许多小公司的办公环境比较小，不够宽敞，同事间的大声说话、电话铃声、键盘敲击声和开关门的声音都会使整个办公室的工作效率降低。

要对工作场所的噪声污染问题重视起来，并采取相应的措施。比如，将电话铃声调小，关掉音箱，提醒人声喧哗者降低嗓门。可以用屏风、植物等在开放的办公地点中营造私人空间，减少视觉干扰。

八、混乱

许多成功主管的桌面都有“没有杂物，非常整齐”这一非常突出的特点。因为混乱会对我们的正常工作造成干扰，降低工作效率。

环顾一下你所在的办公室，看看造成混乱的根源在哪里。它可能是一条乱拉的电话线，也可能是一个放在过道上的盒子，或是办公桌上一台已经损坏了的设备。将那些用不着的东西移出视野之外，把不再使用的东西统统扔进垃圾桶。

◆ 创造高效环境，优化工作流程

办公桌上，书本堆得像金字塔一样高，不用的文件夹和办公用品到处都是，计算机电缆经常绊倒人……如果你所在公司的办公室是这个样子，那么，你就有必要改善一下办公室的管理了。建议采取以下 5 个步骤，营造出高效率的办公环境。

一、将不常用的东西转移到其他的地方

只要你随便看看就不难发现，办公室内很少使用的东西数量惊人。什么过期的文件、不用的信笺、从来不开的台灯等等不一而足。要保证，将那些最常用的东西放在触手可及的范围内，通常用不到的东西则要移出视线之外。

二、将过期的文件加以清理存放

没有必要将办公室的文件柜都塞得满满的。我们不妨对过期的文件加以清理存放，给文件柜也来一次“瘦身”。比如，一个文件你在过去的 12 个月里从来都没有拿出来看过，那么它就应在此列了。这项工作虽然耗时不多，但却是一举两得：既节约了时间又腾出了空间。何乐而不为呢。

三、注意你的电脑显示器

当电脑显示器占据你的桌面时，想释放出更多的空间是一件比较困难的事。对此，你可以有二个选择：首先，你可以选择使用显示器架，将文件和其他东西放到它下面；其次，你可以选择使用 LCD 显示器，它所占用

的空间只有 CRT 显示器的三分之一。

四、充分利用办公空间

假如办公室不够宽敞，就要想办法充分利用每一寸空间。比如，可以将架子安到墙上，桌子下面用来摆放一些文件或电脑主机。如果桌上要摆传真机、复印机和打印机等多种办公设备，则应考虑购买一台多功能一体机。

五、扔掉旧的阅读材料

长久以来，你可能保存了一些不再需要的过期出版物，那么请在清理办公室杂物时将它们扔掉。假如你担心会丢掉重要的文章，那么你可以在扔掉它们之前浏览一下目录，将真正需要的文章剪下来保存。不要占用过多的空间来存放出版物，这样能够缩短你的阅读和清理周期。

除了高效率的工作环境之外，对工作流程的优化也显得至关重要。

现在是信息社会，从自动化表格处理到即时讯息，今天的科技能够帮助员工更快更智能地进行工作。以下 5 种方法可以使公司的运作更为流畅：

六、管理职能自动化

当今，有许多公司将原来靠人工完成的管理职能交由网络来处理。例如给员工打考勤，管理支出表格等，这一举措可以使员工将更多的精力和时间用在更为重要的公司事务上，因为它大大减少了员工花在搜集、处理和发布信息等所用的时间。另外，信息流的自动化还能减少人工操作所带来的不可避免的错误。

七、改进公司范围内的信息共享

电脑网络不仅可以看新闻，还可以用来向员工发布信息。与传统的打印通知和开会相比，网络更为快捷也更为经济。通过这种方法，公司可以快速地对市场变化做出第一反应，员工也能迅速地适应公司的政策和节制措施。此外，公司还可以通过创建电子数据档案，来减少文件归档和存放的负担。

八、共享信息资源

为了让员工更快、更高效地获取信息，公司可以通过内部网络或互联网将日程安排、合同经理和信息数据库等进行共享。比如，利用在线日程安排，项目经理可以很快看到团队中每位成员的时间表，找到合适的开会时间，然后利用在线日程安排程序将开会通知发给每位与会者。放在过去，他不得不与每位成员协商，从而找到合适的时间再逐个通知。

通过将合同经理和客户数据库进行共享，公司可以为客户提供更高标准的服务。公司的每位员工都可以了解客户的基本情况、订货历史记录和联系方式，使他们能够马上满足客户的需求。

九、快速、经济的沟通交流

即时讯息工具，可以使员工通过互联网随时进行交流，既不受地域限制，又不会带来高额的费用。过去，如果不同部门之间要进行协作，就必须腾出专门的时间、打长途电话或是召开电话会议。

十、实施在线协作

通过网上会议室，驻外工作人员也能够对文件进行编辑或是进行演示。例如，利用微软公司提供的“共享观点团队服务”（Share Point Team Services），员工可以在一个安全的网络会议室里对相同的文件进行讨论和修改，同时，还能够建立文件档案馆和召开讨论会。这样做不仅大大地提高了工作效率，还很好地避免了由于文件的不同打印版本所带来的麻烦。

◆ 培养好的工作习惯

一天的工作到底什么时候才算完成？对于许多小公司来说，答案是“永远没完”。

不光是员工，甚至许多管理人员手头也有一大堆等待处理的事情。为了在工作和私人生活之间保持一种健康的平衡，作为员工，要学会在工作时保持高效率，从而得以在合适的时间离开办公桌。如果不能做到这一点，就会造成精力不济、创造力低下，最终危及健康。

用以下 10 种方法，你可以认清每天必须完成的工作并找到完成任务的策略。

一、每天都以计划开始

当我们到达公司，在核对电子邮件或语音邮件之前，可以先空出 15 分钟用于写下今天的任务清单。列出清单后，你就会清楚地知道，哪些工作是今天必须做完的，哪些工作是今后几天内要完成的，哪些是长远的目标。这样，你就会合理的分配时间，精确地找到需要优先处理的问题，从而避免被那些不重要的事情浪费时间，分散精力。这样一来，即使你决定在某个合适的时间停止工作，也不会使工作进度受到影响，因为它尽在你的掌握之中。

二、分派任务

当你写出任务清单后，认真考虑一下，哪些任务是必须由自己完成的，哪些是可以分派给团队中的别的成员的。如果我们每天早早地就找出了这些任务，就能够使团队成员尽早地开展工作，从而加快完成任务的速度。同你一样，同事也希望对每天的事情早做安排，如果你在每天下班前的几个钟头才将任务分派到同事手中，同事自然会不高兴，因为你有可能打乱他们原有的计划。

三、控制干扰

不要让意想不到的电子邮件、电话和会议打乱你的工作计划，从而使你不得不加班。为控制干扰，可以这样做：每隔几个小时而不是每隔 10 分钟查看一次电子邮件；将电话转为语音邮件，只对那些确有急事的电话进行回复；要求将会议安排在你方便的时候召开。

四、早工作早离开

通常情况下，如果我们经常加班加点工作到很晚，自然就会起得晚，如此反复，很可能会造成恶性循环。在一个星期内强迫自己早点开始工作，早点离开。这样做，开始时会很困难，但时间久了你就会发现，早点开始工作能够使你每天有时间做出工作计划，从而使你的工作效率提高。

五、不要在工作时间干私事

在工作中，一些员工不能对本职工作负责，放任自己，在工作时间为私人事务分心，完全不考虑这是不现实的。因此，我们每天要对私人账单、写感谢卡和其他影响工作效率的事情进行合理的统筹安排。这些事情看起来虽小，却会影响你的正常工作，如果你将很多时间用于与工作无关的事情，那么晚上要加班就是理所当然的了。

六、下班一小时前才将电话铃声调响

当我们结束一天的正常工作后，可以将打进来的电话转到语音邮件系统中。这样做既可以保证你在正常工作时能够专心致志地处理紧急事务，又能够使你不必工作到很晚才回家。

七、依靠和信赖电子邮件

许多日常的交流不一定非要打电话，通过电子邮件就可以完成了。使用电子邮件可以使你避免打电话聊天。当然，也有一些公司必须直接与人交谈才能有效运作。但是，绝大多数员工能够通过电子邮件来处理更多的沟通交流事务。

八、检查你的技术设备

常言道："磨刀不误砍柴工"。及时地对电脑和办公设备进行升级，不仅可以使你更有效地完成工作，同时还可让你按时回家。比如，一台性能强大的电脑可以使你更快地进行网页搜索或是同时运行多个应用程序。

九、利用自动化手段

为了减少手工操作，获得更多的时间，就要学会充分利用办公自动化设备和应用程序来完成工作任务。

十、今日事，今日毕

养成良好的工作习惯，做到"今日事，今日毕"。这样做，即可以提高工作效率，又对自己的身心健康有益。许多员工由于白天完成不了任务，养成了熬夜的习惯。熬夜不仅直接危害你的健康，而且会使你的工作效率降低。因此，员工要想方设法提高工作效率，避免上述情况的发生。

公司聘请你，并不是为了要你解决所有问题，记住你不是超人。你只需做好自己的本职工作就可以了，不要终日忙着给其他部门提建议，搞策划。如果你手头有太多额外的事情，通常你自己的本职工作就不能被很好地完成。

◆ 简化过程，加快进度

提高工作效率是缓解工作压力的最好办法，不管是出于主动还是被动，不论你是管理者还是一名技术员，都不能例外。现代人力资源管理以效率为导向，致使员工在完成工作指标的同时，不得不时刻将如何提高工作效率作为首要考虑因素。

而要提高效率，必须简化工作流程，加快工作进度。具体到每个员工来说，则需要在日常工作中做到以下几点：

一、制定适用的工作计划

对于从事技术与管理的员工，通常一个月制定一次工作计划。不过，在具体执行的时候，应该将工作计划分解为周计划与日计划。并在每天工作结束之前的半个小时，先总结一下当天计划的完成情况，然后制定出来第二天的工作计划，整理好工作思路与方法。聪明的管理者都会尽量在下班之前完成当天的工作任务，因为当天完不成的工作将不得不延迟到下一天完成。如此一来，就会影响到第二天仍至当月的整个工作计划，从而陷入明日复明日的被动局面。为了避免这种情况的发生，在制定每天的工作计划之时，应该照顾到计划的弹性。尽量不要将计划制定在能力所能达到的 100%，而应该制定在能力所能达到的 80%。

这样做，是由管理者的工作性质所决定的。作为一名管理者，每天难免会遇到一些意想不到的情况以及上司分派下来的临时任务。假如你每天制定的计划都是 100%，一旦有意外的情况发生，必然会影响你制定好的工作计划。如果没有足够的缓冲时间，原计划就不得不延期。这样的情况多了，你的计划就失去了严肃性。由于你的计划总是不能按时完成，你在上司的印象里，也就成了一名很无能的员工。

二、将工作分类

对工作进行分类，主要包括以下几种原则：轻重缓急的原则，相关性的原则，工作属性相同的原则。

第一，轻重缓急的主要内容包括时间和任务两个方面。在平常的工作中，管理者常常会忽略时间的要求，只看重任务的重要性，这样理解是片面的。

第二，相关性的原则主要指不要将某一件任务孤立地看待。因为管理本身是一项连续性的工作，任务可能是过去某项工作的延续，或者是未来某项工作的基础。所以，任务开始以前，先向后看一看，再往前想一想，以避免前后矛盾造成的返工。

第三，所谓工作属地相同原则，是指把工作地点相同的工作尽量归并到一块完成，这样可以减少因为不断变换工作场所造成的时间浪费。这一点对现场工作员工尤为重要。如果这一点处理得好，可避免在现场、自己的办公室、物资部、监理、业主及其他部门之间频繁接触。既节约了时间，又少走了路程，还提高了工作效率，何乐而不为呢？

三、在规定的时间内完成规定的工作

管理人员在接收工作任务的同时，都会被要求在规定的时间内完成。因此，要时刻将时间与质量这两个要求贯穿在完成任务的过程当中，并尽最大努力提前。将任务完成的时间定在提交任务成果的最后一刻是很不明智的，这与计划的弹性是一脉相承的。因为，事情不可能总是按照个人的主观设定向前推进。当应该提交的任务与临时的事项相冲突时，就陷入了鱼与熊掌的被动状态。一个每次都能按时完成工作任务的员工，即使不天天加班加点，即使不显得终日忙忙碌碌，也会让主管觉得你是一个让人放心的人，自然不会天天追问你工作的进度如何了。

四、做个过程管理者

当我们在接到某项工作任务时，往往会涉及多个部门或岗位，如果让你来组织这项工作，你会怎么办？因为这项特定的工作存在着许多中间环节，所以增加了协调的难度。大部分管理人员在组织某项工作时，常常只偏重于自己本身所应完成的职责，而将传递到相关工作部门与工作岗位的工作听之任之。这样做的结果就是工作总是不能在规定时间内完成。在检查工作结果的时候，每个中间环节又都会各自抱怨给自己的时间太短了，或者是某个中间环节耽误的时间太久了等等。

无论工作过程有多么不同，但工作结果却只有一个，那就是你没有按时并且保质保量地完成工作，你的业绩等级被打了折扣。因此，作为一名管理者，要把握工作的完整性。在事先规定各个中间环节完成工作时间的同时，也要经常关注他们完成的质量与进度，以免其中的某个或是某些环节影响整体工作的进展。故，作为一名组织者，你的职责不仅仅是将工作分配下去，更重要的是敦促你的中间环节处理者按你的要求及时完成分管职责。

要想使工作效率大幅度提高，必须做到有效地管理时间，因此对于“时间管理方法”这一问题的研究是长远的，因为每个人只有做到有效地管理自己的时间，才能使自己的绩效得到有效地提高。关于如何管理好时间，我们将在下一节重点讨论。

◆ 管理好时间

时间与工作效率是密不可分的。要想提高工作效率，掌握好时间、利用好时间、管理好时间这三项缺一不可。掌握时间的最好方法，就是先从避免时间的浪费做起。时间就是生命，我们一生中的每一件事情都与时间息息相关。对一名经理而言，时间管理这个工具在他走向成功的道路中，扮演着非常重要的角色。

一谈到时间管理，大多数人首先想到的就是在工作中如何有效地利用时间。有很多关于这方面的书籍以及专家提出的建议，例如写工作计划，用 ABCD 依照事情的优先次序列出每天要做的事，然后遵照执行；运用 80 ：20 原则；提高工作效率等。其次是如何更有效地利用业余时间用于学习或工作。

其实，这种对时间管理的理解是非常片面的。在进行时间管理时，应该涉及人生的 8 大领域，而不仅仅局限于某一两个领域。这 8 大领域是指：健康、工作、心智、人际关系、理财、家庭、心灵思考、休闲。

所谓时间管理，实际上是把有效的时间投资于你要成为的人或你想做成的事上。因此，从本质上来说，时间管理就是耕耘你自己。种瓜得瓜，种豆得豆，你对什么进行投资最终就会收获什么，例如你投资于健康就会在健康上收获，你投资于人际关系，你就会在人际关系上有收获。尽管我们总觉得时间管理应该主要与工作联系在一起，但你的时间分配只有涉及八大领域，才会真正对你产生好的结果。比如在休息日，你也许应该将更多的时间用在家庭、健康、休闲上，而非用于工作。对于在工作和学习这两个领域上如何进行时间管理，你可以很容易找到非常有参照作用的原则和建议，你可以试着根据这些步骤执行或反思自己的时间管理，从中取得一定的成效。

经理人通常在时间管理上的最大误区就是目的性不够明确。时间是由过去、现在、未来组成的一条连续的线，构成时间的主要因素是事件，时间管理的目的是对事件的控制。所以，要想进行有效的时间管理，你首先必须有一套明确的远期、中期、近期目标；其次是有一个价值观和信念；第三是根据你的目标制定出长期计划和短期计划，然后分解为年计划、月计划、周计划、日计划；最后是相应的日结果、月结果、年结果，及每个结果的反馈和计划的修正。这个实际上是一个循环的过程，即 PDCA 循环。

你在进行时间管理时，要特别注意以下 5 点：

1. 时间与目标

时间管理和目标设定、目标执行三者之间是相辅相成的，同时时间管理与目标管理又是密不可分的。无论是在你的工作、事业还是生活中，每完成一个小目标，都会让你更加清楚自己离大目标的远近，你每日设定的计划不仅是你的压力，同时对你也是一种激励，每日制定的行动计划都必须与你的目标紧密相结合。

当我们完成一项工作时，只有先做出合理的计划，才会使工作有效率，继而获得成功。因此可以说，评估时间管理的有效依据是看你的目标达成的程度。

2. 80 ∶ 20 原则

80 ∶ 20 原则在时间管理中有着非常重要的地位，必须学会如何运用它，它指的是要让 20% 的投入产生 80% 的效益。从个人角度看，要将一天中 20% 的经典时间把握好并用于你关键的思考和准备，你可以根据你的生活状态、生物钟来确定你的 20% 经典时间是哪个时间段。

3. 每天强迫自己做 6 件事

尤其值得一提的是，每天都要强迫自己执行或做 6 件对自己未来有影响的事情。这 6 件事不包括基本的工作、基本的杂事，要尽量涉及 8 个领域。

4. 心态

时间管理是一种心态，它不等同于把事情安排妥当或把事情做好就行，而应该是更长远和更系统地考虑你的时间分配和使用效率。

5. 习惯

时间管理的关键技巧是习惯，当你把时间管理变成一种习惯，做起事来就变得有序了，效率也就提高了；时间管理最大的难题是习惯，一个人的习惯太难改变了！

人的生活是多姿多彩的，不能像工厂一样，在工作中可以有幽默，在生活中也可以有浪漫，所谓的时间管理绝对不是让你变得机械化。但人们在人性化的工作、生活中，往往会迷失时间管理。这时关键是要学会说“不”，对浪费时间的事情、不良习惯说“不”！

◆ 咬定目标不放松

“不想做将军的士兵不是好士兵”

这是一句流传甚广的名言，但却存在着不同的解释甚至争议。其中有一部分人对这句是这么理解的：不是每个做士兵的最后都能当上将军，既然做士兵，就要先想着做好士兵的本分，至于有没有当上将军的那一天，那得看能力和机遇等等。

的确，不是每个士兵都能踏上将军的位置，但作为一个没有想过当将军的士兵，除非机缘巧合，否则他一定做不了将军。

抱着这种先做好本职工作，对以后持走一步看一步的态度的人。在成功的路上，注定要走更多的弯路，浪费更多的时间。做好本职工作没有错，但如果没有一个长期的目标做导向，在工作和人生中迷失的概率将会非常大。

有这样一个案例：

有两个年轻人，是某名校MBA的同班同学。李某在参加了几十次面试后，最终选择到一家生产型企业做一个部门经理。因为它听起来“是一个令人兴奋的好机会”，另外这份工作的工资也是最高的。上任之后，李某很快发现了部门和公司中存在的不少问题，于是他运用所学，很快进行了改组计划。然而事情并不如想象中那么顺利，本来支持他的总经理，后来不得不干预，改组暂停。接下来，李某发现部门和公司存在更严重的问题，于是他以高度的热情、责任感和勇气，再次发起改革。情况迅速恶化，他的部门人心涣散，其他部门也对他冷眼相向。勉强支撑一年后，李某黯然离职另谋工作。

王某呢，在读MBA的第二年便开始准备工作，花了大量时间分析自己，根据自己的条件制定明确的职业目标，以权衡可能的最适合工作。毕业后，他选择了一家与他的目标和价值观相吻合并且他有一定经验和能力驾驭的工作。开始工作前，他先花时间了解了部门状况和下属最大的需要，上任后便在总经理的支持下解决了部门部分需要，赢得群众信任，同时大家看到总经理如此看重他，更是肃然起敬。前几个月，王某与几乎所有人和所有部门都建立起良好的关系。半年后，他针对部门存在的问题，开始小幅度改组。一次一次的小成功之后，不到一年，王某的部门便成为公司的样板。公司上下已经在议论，王某很可能就要获得更高的职务与权力。

人们很容易把李某与王某的不同结局，归结为能力或运气。其实不然，他们除了在建立工作所需的权力和影响力时采取的方式不同外，更重要的区别在于他们求职时即已显露，王某有明确的自我分析、目标和定位，再根据目标与定位来选择最适合自己的企业，而李某则只是对所有的工作机会进行相互比较，选择了一个看起来发展空间大薪水高的职位。由于目标不同，也可以说，由于李某的目标并不明确，他在推动工作中采取了危险的方式，失败也许有运气的成分，但并不出人意料。而王某，则根据自己的规划，找到最合适的职位，一步一步看似慢实则快地走向终点。

进入职场以后，很多年轻人身陷迷茫之中，不知道自己喜欢什么，更没有勇气去追求什么。对于他们而言，劈头就讲人生的终极信念与目标也许显得过于空洞。处于这种迷失状态的朋友，最需要的就是勇气和行动。

人生就像一座黑暗的迷宫，迷宫中有许多的道路和房间，每个房门后都会放有宝藏，只有那些勇敢地在迷宫中行进的人们才能够得到上天赐予的这些宝藏。我们最想做的，就是将一扇又一扇的门打开，一直不停地向前走下去。

在黑暗的迷宫中，坚信一定能找到比现在更好的宝藏，是我们唯一坚持下去的理由，这一信念就像黑暗中的烛火为我带来光明。如果在你的内心里体会不到人生的终极信念、使命和目标这样的东西，那只能说明你还没有到达这个阶段。一个不断在追求更好，不断在超越自我的人，最终都会问自己这样一个问题：我是谁？

“如果我们的行动和方向是正确的，那么最终我们就会得到正确的结果”这句话一直激励着无数人以勇气和自我牺牲的精神去奋斗。这句话也确实有它的道理，但在工作中，我们要先认清“正确的结果”，再根据结果去设计过程，在这个过程中坚持“做正确的事”，最终才会得到“正确的结果”。这绝非是“先有鸡还是先有蛋”式的无厘头讨论。

最关键的一点就是，如果你不知道什么才是“正确的结果”，那你又如何能判断自己是否在做“正确的事”呢？根据美国管理协会曾做过的统计看，新成立的小企业中十有八九会在六年内倒闭，余下的又只有十分之一会在第二个六年后发展成中大型企业。研究这些最终不仅能存活，而且能发展壮大的新兴企业，发现其中有一个共同之处，就是成立之初，创业者就有明确的目标和定位。

◆ 公司不会等你慢慢长大

每个人都需要不断地学习和成长，但企业并非学校。

有些人总是表现得很谦逊，一见到上司，尤其是见到领导，总喜欢说自己在多么努力地学习、成长，却不知这种话说过头了反而会有害。

要知道，企业雇用员工，其直接目的就是让员工来创造效益，就算员工学习，也应该针对如何为企业创造更多效益有用的东西。一些人选择读自考，上周末 MBA 什么的，自个上也就罢了，还总是当光荣事迹般时不时地拿出来当作自己好学上进的宣传资本。殊不知，此话讲多了，难保领导心里没有意见，或许就在心里嘀咕是不是我这庙子容不下你这尊大佛啊？是时候考虑有人顶替你的岗位了。

如果遇到一位心胸不那么开阔的上司，你每天还孜孜不倦地学习，说不准就会被认为是将心思都用在读书上了，对工作一定不会用心的人。一旦上级对你有了这个印象，那你注定要扮演疑人偷斧中那个被疑的邻居了，做什么都像贼。

有一个年轻人，天生好学，经常拿最近又在读什么什么书到公司去讲，虽然他工作业绩不错，甚至比许多同事还强一点，但领导却总说他工作不够努力，还可以做得更好。刚开始，还心里还有些沾沾自喜，以为是领导重视他，在勉励他，时间长了不免疑惑，自己到底哪里还要做得更好，哪里还不够努力。当某天领导再次听到他讲正在读什么管理名著时，深受启发的说了一句：如果你把公司的业务资料跟工作相结合再多读几遍，收获也会很大。此时，他幡然醒悟，原来领导是觉得他太好学，将心思大半放在了学习上，故工作自然不够努力了。反之，如果他把学习的劲头都放到工作上，岂不是会做得更好。

在这个例子中，领导的逻辑，还真不能算错，虽然实际情况未必如此。有大部分朋友考试并不是为了跳槽，而是为了使自己更加充实，竞争力更大，结果证书拿到与没拿到毫无区别，最终加薪提拔这类好事都落在不如你学历高的人头上，甚至连领导的眼神都不如以前亲切了，郁闷之余难免大骂别人，殊不知祸根都是自己平时埋下的。

比较恰当的做法是什么呢？很简单，就是以企业，以领导的立场去思考问题。不管是上级有意问你，还是路上遇见没话找话打个过场，你都要记得汇报你做了哪些事，为企业创造了什么效益，再随便点几句正在努力学习某某对企业发展更有用的新东西。

最后，一定不要忘了向上级、领导表达最诚挚的感激之情，感谢他们为你提供的支持和帮助，表达一下你的忠心。顺便说一句，学习和成长是必需的，但别把自己弄成个不务正业，空闲时间很多的反面典型。

◆ 让工作变轻松

很多在职场打拼多年的人，非但没有因为经验的积累，工作起来更加得心应手，反而显得不堪重负。他们感到工作的压力越来越大，当年的朝气勃勃早已演化为近日的暮气沉沉。到底是什么改变了他们，究竟怎样才能让工作变得轻松一点、快乐一点呢？

其实要改变现状并不难，关键在于你是不是找到了正确的心态和方法。

一、少一点梦想，多一点计划

在职场中，我们应该考虑清楚有关自己理想，清楚工作中的每一件事，从工作形式到工作环境都要了解清楚，然后确定自己所追求职业的标准或目的。具体的做法就是，把你所追求的梦想划分成尽可能短的各个阶段。

如果你现在还仅仅是一个基层小经理，或只是一名记账员，你必须寻找一条能够帮助你达到更高职位的晋升之路。比如，你不妨观察一下是否能调到另一部门，或先谋个较低的职务，然后再寻找机会进修；最低限度，也要找出妨碍你日后发展的不利因素。切记，改变不称心工作的最好方法就是循序渐进。

二、把自己看作自由人

可以把自己想象成是一个独立的承包人，雇主是一位大客户，然后合理地分配你的时间，以达到不仅满足客户所需，而且还有空余使自己的各个方面得到发展的目的。比如，你的工作是负责起草各种报告式文件，用词的好坏，对你的上司可能无所谓，但对你而言呢？一位独立承包人，你应认识到，你使用的措辞技巧可能会开辟一个全新的销售市场。这样做，虽然表面上看起来是取悦你的上司，但实际上则是把你推到独立承包人的地位。

三、工作娱乐两不误

有的人在工作的时候只知道埋头苦干，一开始在晚上加一两个小时的班，不久便是整个星期地加班，最后连周末也成了办公时间。长此以往，工作完全霸占了他的全部时间。这类人是典型的工作狂，他们眼里除了工作，几乎没有任何社交活动，这样时间长了，不免会对他自己的工作产生反感。正确的做法应该是工作娱乐两不误，把自己的时间规划好。

四、寻找工作外的成功

在当今社会，许多人只把工作上的成就看成真正的成功，这些人只有事业上春风得意时才会沾沾自喜，而一旦工作遇到麻烦，就感到恼火不已。如果你在工作之外还有其他令你骄傲的事情，比如，把自己的爱好和业余活动当作本职工作一样认真对待，并同样引以为豪。那么你在工作中受挫时，就容易保持一种积极的态度。

五、对待别人的态度好一点

在职场中有这样一些人，他们每天早晨一想到上班就害怕。究其原因，主要是由于他们与周围同事相处不好。你周围的同事也许并不能都让你喜欢，但最低限度，也应该是与他们和平共处。我们都有这样的经历，当你对别人微笑时，别人也会对你报以微笑，其实在办公室更是如此。即使在生活中，以礼相待也是做人的基本道理。虽然说，想要与平日不理不睬的人在一夜之间就建立亲密关系不太可能，但若你真诚地去改善关系，你的同事迟早会感受到这一点。所以说，如果你对周围一切都心存厌烦——厌烦你的工作、你的上司……你就更要用一种积极方式与人沟通，多谈些你喜欢的事，至少你可以和同事多一些共同语言。

总之，职场不会以你喜欢的方式待你，也不会以你不喜欢的方式捉弄你。你在职场中的地位、人脉全靠自己争得，学会爱自己的职业，百利而无一弊。

第九章 诸事不顺不抱怨，摆正心态是关键

古希腊哲学家苏格拉底说：“要使世界动，一定要自己先动。”在工作中，你只有永远保持热情主动的精神，才能不断地取得进步。热情主动地做事，同时为自己的所作所为承担责任，是一个人取得巨大成就的基础。

◆ 对抗负面工作情绪

我们从出生到死去都无法摆脱情绪这个东西，它就像影子一样与我们永不分离。似乎除了表达或隐藏它，我们不能再有其他的处理方法。但是，现在，经过许多专家进行的研究之后，我们发现，情绪不仅对我们的生理健康，还对我们的心理健康起到了诸多作用。所以，不时地审视自己的情绪，对健康不无裨益。

一、掌控情绪掌控健康

美国生理学家艾尔玛做了一个简单的实验，研究情绪对健康的影响。他将一支支玻璃管插在摄氏零度、冰和水混合的容器里，借以搜集人们不同情绪时呼出来的“汽水”。结果发现，心平气和时呼出的气凝成的水澄清透明、无色、无杂质。如果生气，则会出现紫色的沉淀，研究者将这“生气水”注射到白老鼠身上，几分钟后，居然发现老鼠死了。

大多时候，我们是乐观、愉快的，但伤心愤怒的坏情绪也时常会伴随着我们。这就像家常便饭一样，我们早已习以为常。有些时候，我们能控制它们，但有些时候，我们却对它无可奈何。那么，我们能学着去了解、去应对我们的情绪吗？

专家的答案是肯定的。并且，专家们也提出了一些相应的建议以使我们能更好地控制、利用情绪。在生活中，面对挫折，要学会度过情绪的低气压，尽快回到协调的生活中，这能给我们带来健康的生活。情绪和人们赋予事件、事物、环境、人以及经验紧密相关，因此，情绪是可以掌控的。

每个人都有自己最基本的情感需要，比如和人交往、对人表达等。有医学研究认为，情绪和情感就是我们身体的一种生物反应。痛苦、愤怒、恐惧、快乐以及爱这 5 种情绪和我们的身体是直接相关的。前三种情绪通常被归为“危险”情绪，它们意味着发生或即将发生危险；而后两者则属于“令人愉快”的情绪，快乐和爱告诉我们，可以放松和享受，需要可以获得满足。

当我们面对那些“危险”的情绪时，如果不能及时缓解，这些情绪可能会变成绝望，而这些情绪积攒的结果，往往会导致癌症或者其他危险疾病的发病率。如果这些情绪一直困扰着你，那么相应地，你感受到的快乐和爱的时候就会相应减少。

我们人类的情绪虽多种多样，但都是建立在这五种情绪的基础之上的。为了从正面情绪中受益，我们必须学会掌控自己的情绪。但这并不意味着，你需要处在一个情绪真空的环境里。掌控情绪意味着，你能通过给自己充电，拥有对自己、对生活、对世界的健康心态来改变自己的不健康情绪。这些信念，会给我们带来更为健康的情绪和心态，例如勇敢、宽容、同情等。

科学家们研究发现，大脑的情绪中心与免疫系统存在着直接的连接。健康情绪能帮助人们抵抗感染、感冒和流感。依靠健康的心态战胜疾病的例子屡见不鲜，而那些恐惧、害怕、绝望的情绪则会让疾病恶化得更快，甚至导致死亡。

二、情绪左右成败

我们通常做事，经常会受到感情的影响。因为，我们的感情即可以为我们带来伟大的成就，也可能导致我们走向失败。因此，我们必须知道，要控制自己的感情，应该首先做到，了解对我们有刺激作用的感情有哪些？我们可将这些感情分为七种消极和七种积极的情绪。

七种消极情绪为：恐惧、仇恨、愤怒、贪婪、嫉妒、报复、迷信

七种积极情绪为：爱、性、希望、信心、同情、乐观、忠诚

以上 14 种情绪，正是你人生计划成功或失败的关键，他们的组合，既

可意义非凡，又可混乱无章，决定权完全在你。

上面所说的每一种情绪都和心态紧密相关，这也正是我们为什么一直强调心态的原因。个人心态的反映直接表现在这些情绪上，而心态是你可以组织、引导和完全掌控的。

你必须学会控制你的思想，对思想中产生的各种情绪保持足够的警觉性，并视其对心态的影响是好是坏而选择接受或拒绝。

乐观会使你的信心和弹性增强，而仇恨则会使你失去宽容和正义感。如果你无法控制自己的情绪，你的一生都将因情绪冲动而受害。

如果你正在努力控制自己的情绪，不妨准备一张图表，写下你每天体验并且控制情绪的次数，这种方法可使你了解情绪发作的频繁性和它的力量。一旦你发现刺激情绪的因素时，便可采取相应的行动将这些不利因素除掉，或把它们找出来充分利用。

我们可以把追求成功的欲望，转变成一股强烈的执着意念，并着手实现自己的明确目标，这是使你学会情绪控制的两个首要要素，这两个要素之间具有相辅相成的关系，即其中一个获得进展时，另一个也会随之有所进展。

在工作中，遇到各种挫折、委屈和误解是在所难免的，我们要学会很好地控制这种情绪，遇到再大的委屈也能做到付之一笑，再也不必向谁去抱怨、诉苦。

三、对抗负面工作情绪

工作中，我们如何才能做到不让“小事”影响工作情绪呢？

1. 冷静地面对批评——当我们听到别人的批评后，要先用缓慢平和的声音在脑海中重复语句，隔绝敏感声线，这将有助于你集中接受信息中的实际资料。

2. 从容面对敏感信息——在面对同事冷冰冰的嘴脸时，很多人会感到不安甚至失眠。遇到这种情况，大可对自己说：“他的缺点是不懂得如何对别人好，而我没有这个缺点，所以我更受朋友欢迎。”这样自我安慰可以让心情得到舒缓。

3. 坚信自己能进步——当面对重大工作问题时，难免会心灰意冷，影响工作情绪和效率。逆境容易让人感到无力，在没有想好有效的解决办法之前，不妨多想一些鼓励自己的事，相信自己一定能有办法做好，从而使自己不至过于沮丧。

四、情绪温度计：记下你的情绪波动

在日本，商人发明了付钱砸东西的“解脱室”，以供那些无处宣泄的人们消除怒气。来到解脱室的人需要付费，依照费用高低拿到各种陶瓷花瓶、器皿或小雕像，客人通常会先写上痛恨者的名字，边破口大骂边将手中的小雕像向墙壁上用力砸去。

然而，虽然可以通过砸东西、踢家具等外物来转移情绪，从而得到暂时的缓解，但大多数人会担心因此演变成暴力行为性格。一些专家认为，如果不去察觉情绪的细微变化，而总是以宣泄的方式排解，不但不能使怒气真正被消化，反而会形成恶习，反复发生。

在这种情况下，最好使用“情绪温度计”法。也就是说，平时要养成记录情绪的习惯，每天分几个时段记录，并写下生气的原因，通过这种方法有助于自我察觉、检测怒气。

1. 你可以将情绪温度计的刻度设定在 0～10 分，将一天分为七个阶段，比如一早抢停车位失败，还没进办公室就在电梯前和部门经理吵架，决定只给自己2分。

2. 首先你要了解自己一天情绪的起伏变化，然后再去寻找原因，并给自己写一段话。为什么只给自己打8分？原来在下午三点，听到窗外的小鸟在叽叽喳喳地唱歌，感觉非常愉快。记录久了，自然培养出很细微的察觉能力，即使生活中很细微的情绪飘过，也不会放过。

我们应该学会建立自己的情绪温度计，从而掌握经常生气的时间段和原因。一旦接近情绪高温期时，就赶紧做好准备，比如提醒同事离你远一点，避免被无名火烫伤。除了察觉情绪，找出自己的情绪温度计之外，学习从大架构看人生的挫折，才能真正做到不生气。

◆ 让自己充满工作激情

一个成功的职场人，一定是一个在工作中始终保持激情的人，无论从事什么样的工作，做了多久，他们都不会厌倦，所以他们更容易进步。在他们的身上，始终焕发出勃勃的生机，感染着身边的每个人，也因此给自己带来了快乐和高效率的工作。

张斌是一家公司的采购员，他工作踏实、认真、勤奋、努力。他非常喜欢自己的工作，甚至达到了一种近乎狂热的热忱。他的工作其实很简单，就是为公司采购需要的货物。这项工作并不需要什么特别专业的技术，一般人看来不就是买买东西嘛，但张斌从来没有小看自己的工作。他总是用心琢磨着怎么把工作做得更好。他为公司采购东西时都要反复地对比，找到价格最便宜的供应商，购进上百种公司急需的货物。

张斌兢兢业业地为公司工作，由于对工作的认真负责，经他手采购的东西为公司节省了许多资金。这些成绩同事们是有目共睹的。在他32岁那年，他被升为采购主管，这一年，他为公司节省的资金已超过了80万元。

由于张斌对待工作的敬业、勤奋和努力。在他38岁时，荣升为这家公司的副总裁。年薪达到了十几万元。

比尔·盖茨在被问及他心目中的最佳员工是什么样时，他强调了这样一条：一个优秀的员工应该对自己的工作满怀热情，当他对客户介绍本公司的产品时，应该有一种传教士传道般的狂热！一句话，就是工作要热情主动。工作中的热情主动，指的是随时准备把握机会，展现超乎他人要求的个工作表现，并拥有“为了完成任务，必要时打破常规”的智慧和判断力。

古希腊哲学家苏格拉底说：“要使世界动，一定要自己先动。”在工作中，你只有永远保持热情主动的精神，才能不断地取得进步。热情主动地做事，同时为自己的所作所为承担责任，是一个人取得巨大成就的基础。

很多年轻人都有这样的经历和感受：刚参加工作时，出于对工作的新鲜感，我们总是激情洋溢、豪情满怀。然而随着时光的流失，逐渐适应了新的环境，一天又一天重复着同样的生活和工作时，当初的热情也逐渐冷却了。于是，工作就变成了一种分内的事，只为了拿工资而去工作了。

是什么让曾经热情的我们逐渐地变得麻木和机械？曾经热情高涨的工作激情到哪里去了？是谁偷走了我们的工作激情？对工作逐渐地失去热情是每个年轻人工作时必然遇到的问题。工作没有热情，归根结底取决于我们对待工作的认识和态度。

如果你把工作当成一件苦差事，那么你就很难倾注你的热情。而如果你把自己的工作当成一项事业来做。情况就会完全不同，去看看那些热心布道、传播福音的牧师们吧，每当黎明来临时，他们就准备好了，去从事自己最热爱的工作。他们把布道看作是自己的职责，是上帝赋予自己的使命，并从中得到满足和快乐。正是这种对工作充满热爱的心态、愉快乐观的精神、饱满的生活热忱，使得牧师们把日常工作，看成是充满激情与成就感的事业，并由此受到了当地人们普遍的尊崇和欢迎。

对于一项工作，我们了解得越深，越会发现自己的不足，越会促使我们努力向上，这就是保持工作热情的动力。著名的记者塔贝尔说过，她有一次花了好几个星期，为撰写一篇500多字的文章搜集资料，虽然事实上她只用到资料的一小部分。她解释说，那些没有使用的资料，将会成为她一生的宝藏。由于她所知道的东西比写这篇文章所需要的更多，所以她能够写得更轻松、更有自信以及更具权威。

如果我们用航海来比喻我们的工作，那么对工作充满激情的人始终能够坚守航行，即使遇到了海上的大风浪，他们也能稳固地掌好舵。他们不会在口头上声称自己如何敬业，他们只会用行动来表明自己对待工作的态度。

现在很多企业都会把员工对待工作是否充满激情作为考察其是否为合格员工的一个标准。

这些企业认为，一个热爱自己的工作，拥有快乐、乐观、积极向上心态的员工才是一个合格的员工，这样的员工也正是他们所需要的员工。拥有工作的激情，你随时随地都能获得发展的机会，也会相应地获得物质上的报酬。

◆ 不必追求完美

在我们周围，总会发现一些人，他们才智过人，能力突出，而且勤奋敬业，工作起来常常忘记了一切。他们做事情总是追求尽善尽美。他们没有时间娱乐，没有时间陪伴家人，他们就像高速旋转的陀螺一样，永远无法让自己停下来，因此，常常把自己搞得疲惫不堪，身体也频频地亮起了红灯。

2007 年，刘勇应聘到一家大公司的企划部工作。对工作他认真、敬业，业务娴熟，受到老总的赏识。两年后，他被提升为企划部主管。

升职后的刘勇感到肩上的担子一下重了许多。为了不辜负公司老总的重托，他全身心地投入到工作上。恨不得自己长三头六臂，一下就把所有工作都完成。

他自己拼命地工作，也督促员工跟自己一块“玩命”。他不停地督促员工，力求把工作做到尽善尽美。部门员工被他压得喘不过气来，背地里给他起了个外号叫“追命”。“追命”是电视连续剧《四大名捕》中的人物。很快这个外号就传遍了全公司。

大部分的业余时间，刘勇都将精力投入到工作中，甚至连跟女朋友约会的时间都快挤没了。不仅如此，他的健康情况也每况愈下，偏头痛的毛病经常发作。

一转眼又到周末了，临下班前，刘勇问部下小李：“产品展销会的计划做出来没有？”“没有。展销会不是还有十几天吗，我周一做也不迟吧。”小李一边收拾资料一边说。

“周一有周一的工作，凡事不要拖到以后来做。你明天还是来加班吧！”

小李没好气地说：“我明天得花点时间陪陪女朋友。自从你当了头，我跟她快变成牛郎织女了。”

“可是，你做出计划，我还要修改，如果明天出不来，公司就无法最终决策！”

小李一听，愤愤地说：“你想向主子邀功请赏，也不能拿我们的生命开玩笑。我来工作的，不是卖给你的，你爱干你干去吧！”说完，小李将计划书往刘勇面前一甩，气冲冲地走了。

刘勇心里直冒火，真想立即给他写一份“记过通知书”，可是想想又没必要。他皱起眉头，拿过那份计划书，埋头自己做起来。

第二天，刘勇继续加班赶写计划书。不一会，手机响了，是女朋友打来的，约他去一个“好地方”玩。刘勇竟然把周日都忘了。他有些歉疚地说道：“我今天很忙，咱们改天吧！”

女朋友说：“不行，我的耐心有限。你如果不能按时到达指定地点，咱俩从此你忙你的，我忙我的。”

刘勇见女友真火了，便也不敢再坚持。他这个女朋友可是名牌大学的才女，在他心目中的地位非同一般。当年他可是追了一年多才获得了她的芳心，他可不能让这只好不容易拴住的白天鹅飞到别人手里去。

到了地方，他才发现原来这里是一片墓地。此时正值清明时分，天空阴郁，沉闷的世界里偶尔飘落几点零星细雨。女朋友领着刘勇来到一座墓地旁，告诉他今天是他们经理去世一周年的日子。经理死的时候只有40岁。今天特地过来悼念他。

女友走上前，庄严肃穆地献上一束鲜花，三鞠躬后回过身，一脸郑重地注视着张华，缓缓地说道：“那天，我看见他的妻子哭得死去活来，看见他那还不懂事的小女儿一脸茫然惆怅，我心里真像被什么东西撕裂一样！有什么能比生命更有价值、更重要呢？”

女友接着说道：“我们这位经理跟你一样，是个工作狂。凡事都要亲力亲为，好像离了他地球就不转了似的。最终死于脑溢血，医生说是劳累过度、压力太大造成的。”

女友深深地注视着刘勇说：“有人说，净化心灵有两个地方，一是医院，一是墓地。我希望你能明白，那些工作离了你难道真的就不行吗？你真的忙得跟女朋友约会的时间也没有吗？在这个墓地里，躺着许多生前认为非我莫属、不可取代的人，但是，他们死后，这个世界也没有变得更糟呀！”

刘勇心有所动。他想着，点点头说：“谢谢你用心良苦把我带到这里，也许，我应该跳出来，好好想想自己的生活。”

这个周末过后，刘勇想了很多，他觉得，也许他真要好好享受生命的快乐而不能再这样一味地工作了。毕竟，没有什么比生命更重要的了。

人生苦短，过于追求完美只会给自己带来更大的困扰。对于每一件事只要尽力而为就好！很多事情是我们不能控制的。

事实上，天下没有什么东西是绝对完美的。陷入这种情结，无异于给自己套上枷锁。付出不少，结果却未必尽如人意。不妨试着降低自己的标准，放慢生活的脚步，试着做一个适度的妥协者。那样，你才会真正地发现生活之美。

◆ 做最好的自己

我们每个人活在世界上，都会对自己有个基本的判断：自己适合做什么样的工作，自己具备哪一方面的能力，自己想过什么样的生活……但很少有人能对自己做出恰如其分的评价。要么看得过高，要么看得过低。在我们周围看不到自己长处的人比比皆是。他们常常怀疑自己的能力。进而自动放弃了改变命运的所有努力。

俄国作家屠格涅夫说过一句名言：“先相信自己，然后别人才会相信你。”相信自己是最棒的，这是一种对自己内在价值的自我肯定，它会使我们产生一种不可思议的力量，在赢得别人信任的同时，也更会比别人多地品尝到成功的果实。

李先生如今是国内知名的记者。他曾经这样回忆起自己的职业经历：

那时我在某大学新闻系读书。有一天，班上的一位同学对我说的一句话，让我记忆犹新。

这位同学说：“我觉得你不适合当记者。因为你的性格太内向。”

这位同学这么说，原因在于，记者在一般人心目中，都是性格外向，风风火火的，而我留给人的印象是性格太内向了，胜任不了记者这一职业。

这位同学的一句善意的提醒，等于否定了我为自己设定的目标，但他的话并没有左右我的职业志向。在我看来，外向的人固然可以在记者这个职业上占有优势。但这并不意味着内向的人必定会失败。有很多优秀的记者，优秀的律师，优秀的演员，还有很多优秀的企业家，都是内向的人。所以，即使自己性格并不外向，看起来并不八面玲珑，但是，只要对自己充满信心，不要轻易否定自己，相信自己是最棒的，并且坚定不移地朝着自己的目标努力，是完全可以取得成功的。

后来，我读完了新闻系，并且成为一名记者。七八年过去了，一些大学同班同学见到我，都啧啧称赞道：“我们很多同学都认为，你是我们班到目前为止，最出色的记者。”

凡事有因必有果。这是对人生最好的总结。每个人的命运都掌握在自己的手里。别人是无法左右的。所以，要始终相信自己是最好的，相信自己是最好的，就不会对自己的能力产生怀疑。就可以用最果断的行动来朝着自己的目标勇往直前。拿破仑·希尔曾经说过："我成功，因为我志在成功。"如果没有这种志在必得的信心，一个人绝对不可能取得巨大的成就。

不知大家是否看过一部很火的电视剧叫《丑女无敌》，其中的女主角林无敌是个不折不扣的丑女，她皮肤黑黑的，留着像刺猬一样的钢丝头、突出的龅牙，牙上还戴着铁的牙套、身材臃肿，穿着土气而邋遢，很多人认为，她这幅"尊容"真的有点影响公司的形象，甚至还有点"影响市容"。

当然，她也并没有丑到惨不忍睹的地步，而在我们身边，像她这样的人恐怕为数并不少。所不同的是，她没有因自己的短处而自卑，更没有自暴自弃。她始终相信自己是最好的，她从不拿自己的缺点去和别人的优点相比，她认为自己是独一无二的。

我们很想知道，她是如何从一个小小职员，爬到一个高层管理职位的？这无疑吸引了很多职场人士的眼球，甚至还可能引发一场关于"职场丑女，缘何能无敌？"的话题大讨论。

出人意料的结果尽管让很多人大跌眼镜，但一切似乎顺理成章、水到渠成，似乎丑女无敌不坐到那个位置就不合情合理，不近人情。尽管职场上的快速升迁也让她感到过压力，但她似乎对这个职位还是蛮胜任的，并没有被工作压得头昏眼花，喘不过气来。

此时，我们的第一感觉一定是既好奇，又疑惑，甚至还会不停问自己，她到底走了什么捷径，用了什么绝招。下面我们不妨对其进行一个全面剖析，看看她到底有什么不为人知的看家本领。

林无敌毕业于某重点大学金融专业，尽管熟谙金融与企业管理，但却因外形不堪，打扮老土，在职场中屡屡碰壁。与其他人不同的是，她是越挫越勇，在被用人单位拒绝了17次后，最终获得了在某广告公司工作的机会。

身处美女如云的广告公司，她的生存之道，就是扬长避短，以智慧与忠诚赢得领导的信任。在公司屡屡陷入困境时，她总是挺身而出，为公司解决了一个又一个的麻烦。后来，她的努力终于获得了回报，最终在竞争激烈的职场中完成了从“丑小鸭”到“白天鹅”的完美蜕变。演绎了一段丑女无敌的神话。

看完这个故事，再想想现实中的我们又是如何做的呢？我们是否会因自己长相不佳而耿耿于怀，会因技不如人而感到自惭形秽，会因没有良好的家庭背景而抱怨父母？会因我们总是不经意间将自己放在了矮人一头的位置上，然后独自黯然神伤。

喜欢与人攀比是人的一种本性，我们无法勉强自己绝对不去与人相比。只是在与人攀比时不能一味否定自己，将自己比得一无是处。而且一旦产生自卑的心理，我们就很容易忽略自身所潜藏的巨大潜能，不知不觉地埋没了自己。

一个人之所以觉得自己处处不如人，是他认为自己就是想象中的样子了。一成不变的思维方式会遮住真正的自己，正如一只在鸡群中长大的小鹰，即使有一天它可以去遨游蓝天，它却不敢相信自己有这样的能力。

无论遇到什么，我们都要坚定信念，给自己一股敢于向前的勇气。盲人杨光在2008年春节晚会上的精彩表演感动了电视机前数亿观众，还有家喻户晓的“智障指挥家”周舟的传奇故事，他们的人生经历，让我们不得不去深思。因为他们都是突破自己身体局限之后，创造了自己的人生奇迹。

从他们的故事中，我们应该感动的不仅仅是他们抵达的高度，更应该认识到“天生我材必有用”。你可以远远超出自己现在走出的人生距离。我们无须奢望自己也能创造像他们那样的人生奇迹，只要能够找回自信，突破束缚，感动自己就行了。

现实中，每个人都有属于自己的存在价值，不是英雄，不一定就是狗熊。大才有大用，小才有小用。关键是要懂得做最好的自己。

或许我们并不缺乏上进心，也不会虚度光阴、不学无术，只是缺乏自我觉醒的意识和正确认识自我的能力。在我们追求梦想的过程中，面对挫折、遭遇困境是在所难免的。此时我们的态度将决定自己会以一种什么样的方式面对它们。一个人相信自己是什么，就会是什么；一个人心里怎样想，就会成为怎样的人。这从心理学上说也有一定的道理。我们每个人心里都有一幅自画像，如果你想象的是最棒的自己，那么你就会在内心的“透视窗”上看到一个意气风发、不断进取的自我。

同时，还会经常反馈到诸如“我做得很好，我可以做最好的自己”之类的正面信息。这样你一定可以找回最好的自己。

当今社会，我们都面对着巨大的生存压力，尤其是职场上的竞争，更是达到了白热化的程度。优胜劣汰在这里体现得淋漓尽致。在这种情况下，一个人要想让自己永远处在巅峰状态，几乎是不可能的。但一个人若永远保持自信心，他就获得了制胜的法宝。即使遭遇挫折，跌入事业的低谷，借助信心的力量，他也会东山再起。

无论何时，无论你从事何种工作，你都要确保自己有一颗自信的心。它是你最可靠、最有价值的成功资本。

◆ 并非一切都“无所谓”

不少人对工作常常抱着敷衍了事、得过且过的态度。认为差不多就行了，没必要那么认真。反正是给别人打工，干嘛费那么大力气。因此他们工作起来吊儿郎当、漫不经心，凡事不肯精益求精，在关键时刻不肯出力、动脑。等到发觉事情与自己不利时，已经悔之晚矣了。

张军是某企业的销售部经理，这天，他带领手下几个工人去参加一个国际产品展示会。

在展示会开始之前，他们有许多事情要做。不仅要整理资料，还要布置展位、产品组装，需要加班加点地工作。但是张军带去的那几个工人却不肯多花力气工作，一到下班时间，就立刻溜进宾馆，不愿意多干一分钟。张军要求他们留下来多干点活。他们却振振有词：“加班又没加班费，凭什么干啊？”还有人说风凉话：“张经理，你也是打工的，不过职位比我们高一点而已，何必那么卖命啊？”

在展会开始的前一天晚上，公司总经理亲自来到会场。当时，已经是晚上 12 点多了。销售部经理张军和一个安装工人小马还在忙碌着，只见他们正趴在地上认真地擦拭着装修时沾在地板上的涂料。见此情景，总经理很感动，忙着说，辛苦了辛苦了。见到总经理来了，张军连忙站起来，歉疚地说：“对不起，经理，我失职了，没能让所有人都来工作。只有小马一个人自告奋勇地来工作，其他工人还嘲笑他是傻瓜，说什么卖什么命啊，累死了领导也不会看到啊！”总经理听了，没有做出任何表示，只是招呼秘书和其他几名随行的工作人员也加入到工作当中。展会结束之后，那天晚上没有参加工作的那几个工人立刻被公司开除了。而安装工人小马则被提拔为安装分厂的副厂长。

或许，那些被开除的工人心里会很不服气，哼！我们不过就是多睡了几个小时的觉。凭什么处罚这么重，而小马不过就是多干了几个小时的活，凭什么就能当副厂长？可不知他们想过没有，只为了多睡几个小时的觉，就把工作丢了，而且还背上“懒汉”的名声，太不值得了！

不认真的人，必定会为自己的行为付出惨重的代价。对工作敷衍了事，其心理根源就在于认为工作就是一种简单的雇佣关系，做多做少，做好做坏，和自己没有多大的利害关系。反正做好了，领导也不多给一分钱；做得不太好，领导也不会扣钱，自己也不会损失什么。其实，这种想法是大错特错的，首先，工作是你自己的，不是领导的，你不努力工作，最对不起的人就是自己。敷衍工作就等于敷衍自己。

有这样一个故事，就很能说明问题。从前有一个手艺精湛的老木匠准备退休，他告诉领导，说要离开建筑行业，回家与妻子儿女享受天伦之乐。

领导舍不得他的这位出色的老工人，问他是否能帮忙再建一座房子，老木匠说可以。但是因为马上要离开这里了，所以老木匠的心思根本不在这里了。他干活时偷工减料，房子盖得很粗糙。当房子盖好的时候，领导把一把钥匙交给了他，告诉他：“这是你的房子，算是我送给你的礼物。”

老木匠震惊得目瞪口呆，一时间羞愧得无地自容。如果他早知道是在给自己盖房子，怎么会这样漫不经心、敷衍了事呢！这真是搬起石头砸了自己的脚了。他懊悔不已。

职场中很多人又何尝不是如此呢！他们漫不经心地工作，其实是在漫不经心地“建造”自己的生活。他们不是积极地行动起来，自动自发地去工作，而是消极、被动地应付，对工作从不肯精益求精，在他们头脑中从没有“敬业”二字。等有一天，他们惊觉自己的处境时，早已经深困在自己给自己建造的破“房子”里了。

职场中的人士都把自己当成那个木匠吧，想想你的房子，每天，当你敲进去一颗钉、加上去一块板，竖起一面墙时，都要用自己的智慧好好地建造。生活需要用心去好好创造。

当今社会是个比较浮躁的社会，人们越来越痴迷于追逐金钱、名誉、地位等等。这使得许多年轻人养成了好高骛远，不愿意踏踏实实做事的毛病，工作敷衍了事、得过且过，不求有功，但求无过。这种工作态度有百害而无一利。

职场中人只有脚踏实地，一步一个脚印地做事，才能逐步地积累一些知识、经验和技能，也才能为将来成就一番事业打下一个坚实的基础。

因此，我们必须把认真工作当成一种习惯，一种品质，只有这样我们才能从工作中学到更多的知识，积累更多的经验。当然，这种认真工作的品质或许不会有立竿见影的效果，但可以肯定的是，当敷衍懒散成为一种习惯时，做起事来是注定不会成功的。敷衍了事工作，不但会降低工作的效率，还会渐渐使人丧失做事的才能。从而陷入一种恶性循环中。

因此，我们在工作中一定要摆正自己的心态，一个平和的、有责任感的心态，会对未来事业的成功有极大的帮助。

◆ 换个角度看自己

时光的脚步迈入 21 世纪以后，社会以前所未有的速度在飞速发展，科学技术日新月异。空间探测器已经飞出了太阳系，奔向远在以光年来计算的其他星体，以期有一天会被其他星球上的智慧生命所发现；粒子加速器正在试图把质子等基本粒子进一步分解，在微观世界里寻找预测中的夸克存在的痕迹。

但是，这些硕果累累的科学成果，并没有改变人类存在于内心的、延续了几千年对生命的意义和价值理解的苦恼和困惑。这种窘迫，不是因为我们对外在世界的认识还远远不够，而是因为我们真正看不明白的，正是我们自己。

我们最熟悉的就是自己，我们最不了解的也常常是自己。面对自己的内心，审视自己的灵魂，有的时候是一件很残酷的事情。

我们周围有许多人其实并不了解自己。他们总是不自觉地去与人攀比。其实这种做法是很愚蠢的。一个真正聪明的人只会与自己相比。和别人比，水平高低不重要，重要的是自己是否在一直努力上进。只要能不断地突破自己，你就会越走越远。

新东方的创始人俞敏洪在2008年北京大学新生开学典礼上讲了这样一段话："记得我在北大的时候，到大学四年级毕业时，我的成绩依然排在全班最后几名。但是，当时我已经有了一个良好的心态。我知道我在聪明上比不过我的同学，但是我有一种能力，就是持续不断的努力。所以在我们班的毕业典礼上我说了这么一段话，到现在我的同学还能记得，我说：'大家都获得了优异的成绩，我是我们班的落后同学。但是我想让同学们放心，我决不放弃。你们五年干成的事情我干十年，你们十年干成的我干二十年，你们二十年干成的我干四十年。'我对他们说：'如果实在不行，我会保持心情愉快、身体健康，到八十岁以后把你们送走了我再走。'"他现在是个很风趣的人，但是曾经因为自己不如别人而感到很郁闷，得了肺结核住院休学一年。

因此，人不妨换个角度，重新认识自己、审视自己，这样能够不断超越自己，就是成功的人生。

当今社会，各行各业竞争激烈，很多人都想通过自己的努力，在竞争中脱颖而出。然而不少人由于自卑的心态作祟，让他们不敢放开手脚去做，背负着沉重的压力，以至于自己束缚了自己的手脚，无法超越自己内心的羁绊。最终庸庸碌碌，无所作为。

两个教育背景相似、工作能力也不相上下的人，在公司里经常会混出个天壤之别来。其中最重要的原因是，他们一个把自己当成很重要的大人物来对待，另一个则觉得自己是没什么大不了的小龙套一个。自己先就看低了自己，如何还能指望别人的尊重呢？

某广告公司有个神人，年轻时曾在张艺谋的剧组里当过剧务——不过是端茶倒水的一些活儿而已。这段“从影”经历到了他的嘴里幻化成与“张艺谋私交甚笃”。说的也没错，能在张导熬夜的时候，递上一碗绿豆汤什么的，说不定就有了个谈八卦的机会，也算是与老谋子“秉烛夜谈”了。从此神人为自己制造出“在娱乐圈很混得开”的传说。事情就是那么怪，头顶上挂了这个光环后，他在娱乐圈的确比别人混得好些，俨然一副明星代理人的大人物派头。不知道是这个光环增加了他的自信，还是他的自信让这个光环更可信。

而另一个给老谋子做场记的人就成了典型的反面教材。每当有人提起这段往事，他就讪讪地说：“嗨，打杂而已。”遮羞一样把这个话题捂住。这个同样有一段“从影历史”的人，如今早就告别了娱乐圈，成为一家国企里默默无闻的小龙套一个。

觉得自己很重要的人，哪怕暂时是小人物，将来也有机会成为大人物。

一家大公司正在开会。总裁正在讲话的时候，突然秘书插了一句："对不起，刚才您有句话我没记下来，您可以再重复一遍吗？"总裁并没有责怪秘书，而是很高兴地又努力讲了一遍。因为秘书觉得自己的记录工作很重要，所以总裁才越发觉得自己的讲话更重要。原来在这家公司，这位秘书由于工作出色，其地位甚至比有些董事还要高。后来，这位秘书果然不同凡响，当上了公司的副董事长。

现代社会是一个大鱼吃小鱼，快鱼吃慢鱼的时代。在激烈的社会竞争面前，每个人都希望自己变得优秀，而至于如何让自己更优秀，并不是每个人都深谙此道，特别是那些处于弱势的人，更是显得无可奈何。每个人都无法做到完美，但也不要因此而觉得自己一无是处。我们应该发现弱势中的强势，重新找回迷失的自己。

我们不可能超过所有的人，也很难成为天下第一。如果你把这个作为人生目标，显然是在让自己做一个可望而不可即的荒唐美梦。我们所能把握和实现的就是超越自己，让今天比昨天做得更好，让明天比今天更进步。所以，对每一个人来说，自我超越是最重要的。

当我们说要成为像某某一样的人时，想过上像某某一样的生活时，想拥有像某某一样的财富时，想具有像某某一样的渊博知识时，想拿到像某某一样的高薪时，我们总是在不自觉地将别人作为自己的目标参照。

无论是职位、地位、能力、财富、知识，还是生活中的其他各个方面，我们很容易拿别人做自己的参照目标，却很少和自己的昨天、现在、未来做一个比较。我们想超越的到底是什么？是别人还是自己？我们需要榜样，但我们真的能成为他们吗？

每个人成长过程中都需要榜样的力量，我们总是梦想着某一天能像他们那样。把别人作为自己的超越目标，说明我们认为他们比自己更完美，更令人羡慕。所以我们愿意花费很多时间和精力向他们靠拢。

然而一山更比一山高，我们无法超越所有的人。在经历苦苦追寻后，会发现自己有超越不完的人。

我们总是千方百计地想成为别人，想让自己从他们身上获得更强大的力量，但是当真正到达甚至超越那个人时，你却发现一切并不像自己原来认为的那样。

对于我们每一个人来说，今天比昨天好才是最重要的。

◆ 变“要我做”为“我要做”

在《圣经》中记载着这样一则故事：

从前，有一个严厉的主人要到外国去，临行前他将仆人叫到跟前，按照各人的才干给了他们一笔银子。一个给了5000塔拉（古犹太银币单位），一个给了2000塔拉，一个给了1000塔拉，随后主人便出国去了。

那个领了5000塔拉的仆人，把这笔钱拿去做买卖，另外赚了5000塔拉；那个领2000塔拉的仆人也照样赚了2000塔拉。但那个领了1000塔拉的仆人却挖了个洞，把钱藏了起来。

过了许久，主人回来了，那个领5000塔拉的仆人带着赚来的5000塔拉，说：“主人，您交给我500。塔拉，请看，我又赚了5000塔拉。”主人很高兴，让他一同坐下享乐。

那个拿了2000塔拉的仆人同样也献上了赚来的钱，获得了主人的嘉许。

最后那个仆人上前说：“主人啊，我知道您是很严厉的人，我就害怕把钱弄丢，于是把您交给我的1000塔拉埋藏起来。请看，您原来的银子还在这里，一分不少。”

主人道：“你这个又笨又懒的仆人，既然知道我是个严厉的人，至少应当把我的银币放到银行里，等到我回来时，可以连本带利收回来，怎么可以将银币埋藏起来？”

主人大怒之余，吩咐左右夺过他手中的1000塔拉，交给那个有1万塔拉的仆人，同时说道：“凡有赚的，还要再给他，叫他有余；没有的，连他原来的也要夺过来。”

优秀员工就是“有余”的人，从表面上看，他们比平庸者拥有“有余”的智慧、能力和机遇。但实际情况是，他们之所以拥有这种“有余”，是因为他们能在没有“主人”命令的情况下，主动把5000塔拉变成1万塔拉，主动挖掘自身潜能，从而慢慢拉开了与平庸者的距离。

由此可见，主动就是不用别人告诉你，你都可以出色地完成工作。这也是优秀员工之所以优秀，之所以绩效高的根本原因。

所以，永远不要把“要我做”当作工作的前提，高绩效最喜爱“我要做”的那类人，并乐意为其效劳。鉴于此，你必须像优秀员工那样，发扬主动率性的精神，变“要我做”为“我要做”。无论面对的工作多么枯燥乏味，“我要做”的主动精神都会让你取得非凡的业绩。

但“积极主动”不是某些人所理解的强出头，富侵略性或无视他人的反应。积极主动的人反应更敏锐，更为理智，更能切合实际并掌握问题的症结所在。因为只有抓住了问题的症结所在，并积极主动去做，才能取得好的结果。

优秀员工的“积极主动”均蕴含在工作的点滴之中。也正因为如此，他们的工作能力才日强一日，工作业绩才得以不断提高。总的来说，思想上的积极主动落实到现实工作中，主要体现在以下几个方面：

1．主动熟悉公司的一切

熟悉公司的一切是做好工作的基础。它主要包括公司目标、使命、组织结构、销售方式、经营方法、工作作风……主动使自己像领导一样了解所在公司，可使你在今后的工作过程中采取的行动更准确，效果更出色。

2．不等待命令

如果你习惯于“等待命令”，首先，就会从思想上缺乏工作的积极性而降低工作效率；其次，你还会养成“有所为而为”的工作态度，或者只做你喜欢的工作。一个人一旦被这些不良思想所左右，任何时候他都很难要求自己主动去做事。即使是被交代或者是一再被交代的工作，他也会想方设法去拖延、敷衍。事实表明，“等待命令”是自己潜能的“画地为牢”，从一开始就注定了平庸的结局。

3．工作时不要闲下来

工作中不让自己闲下来，主动找点事做，你就能更加完善自己，在工作中提高自己的工作能力。优秀的员工每当完成一项工作时，总去翻工作日记，问自己是否所有的目标都已经达到？有什么项目需要加上去？还需要向别人学习什么，以使自己的工作能力得到扩大和充实？总之在任何闲暇的时候主动做事，你就能争取到更多的机会，不断提高自己的经验和能力。

4．主动做分外的事情

许多著名的公司认为，一个优秀的员工所表现出来的主动性，不仅仅是能将坚持自己的想法或项目，并主动完成它，还应该主动承担自己工作以外的责任。

约翰在一家商店工作时，一直自我感觉良好。因为他总能很快地完成领导布置的任务。一天，领导让约翰把顾客的购物款记录下来，约翰很快就做完了，然后便与别的同事闲聊起来。这时领导走了过来，扫视了一下周围，然后看了一眼约翰。接下来领导一言不发地开始整理那批已经订出的货物，然后又将柜台和购物车清理干净。

这件事深深地震动了约翰，他瞬间发现自己一直以来是多么愚蠢，他明白了一个人不仅要做好本职工作，还应该主动地多做一些，哪怕领导没要求你这么做。这一观念的改变，使约翰更加努力地工作，他由此学到了更多的东西，工作能力突飞猛进，最终约翰成为公司的副总。

5. 主动提建议

也许你的领导或同事的某种处理事务的方式效率不高，而他本人并未察觉或不知如何改进。这时，如果你有好的主意，就应该主动提出来。主动提出合理化的建议，不但可以为你赢得好人缘，更有利于你与同事的合作，提高工作效率，进而推动整个组织绩效的提高。要做到这一点，你必须主动了解和学习公司业务运作的经济原理，为什么公司业务会这样运作？公司的业务模式是什么？如何才能盈利？……主动关注整个市场动态，分析竞争对手的错误症结，可以避免思维的固化，从而提高你的工作能力。

要成为一名优秀的员工，就必须具有积极主动的品质，这种积极主动不能仅限于一时一事，你必须把它变成一种思维方式和行为习惯，只有时时处处表现出你的主动性，才能获得机会的垂青，并最终成就卓越。